全国高等职业教育规划教材

电子产品装配与调试

主　编　戴树春

副主编　张　洋　陈喜艳

参　编　郭永禄

机械工业出版社

本书是遵循高职高专学生的认知和职业成长规律而编写的基本技能型教材。本书共分为 4 个项目，项目 1 介绍常用电子元器件的识别与检测，项目 2 介绍电子元器件的焊接工艺，项目 3 介绍整机的装配与调试，项目 4 介绍电子产品的检验与包装。本书选取典型的小型电子产品为载体，电路从简单到复杂，逐步涉及多种电子操作工艺，使学生获得电子产品装配与调试全过程的知识和技能。

　　本书可作为高职高专电子信息类、机电类等专业的教材，也可作为相关专业的电子技能实训教材。

　　本书配套授课电子教案，需要的教师可登录 www.cmpedu.com 免费注册、审核通过后下载，或联系编辑索取（QQ：1239258369，电话：010-88379739）。

图书在版编目（CIP）数据

电子产品装配与调试/戴树春主编. —北京：机械工业出版社，2012.11
（2021.1 重印）

全国高等职业教育规划教材

ISBN 978-7-111-39690-1

Ⅰ. ①电⋯　Ⅱ. ①戴⋯　Ⅲ. ①电子产品－装配（机械）－高等职业教育－教材②电子产品－调试方法－高等职业教育－教材　Ⅳ. ①TN

中国版本图书馆 CIP 数据核字（2012）第 211767 号

机械工业出版社（北京市百万庄大街 22 号　邮政编码 100037）

责任编辑：王　颖　版式设计：姜　婷
责任校对：张　媛　责任印制：常天培
北京盛通商印快线网络科技有限公司印刷
2021 年 1 月第 1 版第 7 次印刷
184mm×260mm · 9.25 印张 · 223 千字
10 801—12 000 册
标准书号：ISBN 978-7-111-39690-1
定价：29.90 元

全国高等职业教育规划教材
电子类专业编委会成员名单

出版说明

根据《教育部关于以就业为导向深化高等职业教育改革的若干意见》中提出的高等职业院校必须把培养学生动手能力、实践能力和可持续发展能力放在突出的地位，促进学生技能的培养，以及教材内容要紧密结合生产实际，并注意及时跟踪先进技术的发展等指导精神，机械工业出版社组织全国近60所高等职业院校的骨干教师对在2001年出版的"面向21世纪高职高专系列教材"进行了全面的修订和增补，并更名为"全国高等职业教育规划教材"。

本系列教材是由高职高专计算机专业、电子技术专业和机电专业教材编委会分别会同各高职高专院校的一线骨干教师，针对相关专业的课程设置，融合教学中的实践经验，同时吸收高等职业教育改革的成果而编写完成的，具有"定位准确、注重能力、内容创新、结构合理和叙述通俗"的编写特色。在几年的教学实践中，本系列教材获得了较高的评价，并有多个品种被评为普通高等教育"十一五"国家级规划教材。在修订和增补过程中，除了保持原有特色外，针对课程的不同性质采取了不同的优化措施。其中，核心基础课的教材在保持扎实的理论基础的同时，增加实训和习题；实践性较强的课程强调理论与实训紧密结合；涉及实用技术的课程则在教材中引入了最新的知识、技术、工艺和方法。同时，根据实际教学的需要对部分课程进行了整合。

归纳起来，本系列教材具有以下特点：

1）围绕培养学生的职业技能这条主线来设计教材的结构、内容和形式。

2）合理安排基础知识和实践知识的比例。基础知识以"必需、够用"为度，强调专业技术应用能力的训练，适当增加实训环节。

3）符合高职学生的学习特点和认知规律。对基本理论和方法的论述要容易理解、清晰简洁，多用图表来表达信息；增加相关技术在生产中的应用实例，引导学生主动学习。

4）教材内容紧随技术和经济的发展而更新，及时将新知识、新技术、新工艺和新案例等引入教材。同时注意吸收最新的教学理念，并积极支持新专业的教材建设。

5）注重立体化教材建设。通过主教材、电子教案、配套素材光盘、实训指导和习题及解答等教学资源的有机结合，提高教学服务水平，为高素质技能型人才的培养创造良好的条件。

由于我国高等职业教育改革和发展的速度很快，加之我们的水平和经验有限，因此在教材的编写和出版过程中难免出现问题和错误。我们恳请使用这套教材的师生及时向我们反馈质量信息，以利于我们今后不断提高教材的出版质量，为广大师生提供更多、更适用的教材。

机械工业出版社

前　言

现在正是电子技术飞速发展的时代，电子产品正广泛地应用于人类生活的各个领域，如：日常生活中使用的家用电器、计算机、手机等；农业生产中的自动灌溉、培种育苗用的恒温控制等；工业生产中的各类仪器仪表、机电一体化设备中的数控机床、机器人等；还有航空航天、通信、国防等领域也都有电子产品的广泛应用。随着电子产品的使用范围越来越广，使用条件越来越复杂，质量要求越来越高，对电子产品结构的要求也越来越高，技术要不断地改进，产品的性能要不断地提高。

为了跟上电子信息行业新技术、新工艺日新月异的发展，适应电子企业生产第一线对工艺型、技能型、懂理论、会动手人才的需求，高职高专院校要培养生产、管理第一线高级应用型技术人才，就必须通过有效的实践教学手段和方法，对学生进行系统的实践技能训练，提高学生的动手能力。

"电子产品装配与调试"是高职高专应用电子技术、电子信息技术专业必修的核心课程之一，是一门面向应用、具有很强的实践性、实用性与综合性的专业技术课程。本书是基于工学结合、理论与实践一体化、行动导向的理念，按照电子产品生产流水线各岗位的工作过程，遵循学生的认知规律和职业成长规律编写的。

全书共分为4个项目，项目1介绍常用电子元器件的识别与检测，项目2介绍电子元器件的焊接工艺，项目3介绍整机的装配与调试，项目4介绍电子产品的检验与包装。

本书可作为高职高专电子信息类、机电类专业的专业课教材，也可作为相关专业的电子技能实训教材，建议教学时数为60学时。

本书纳入"福建省高等职业教育教材建设计划"，在编写过程中得到了福建省教育厅的大力支持，在此表示衷心感谢。

本书由漳州职业技术学院电子工程系戴树春副教授任主编，福建信息职业技术学院张洋和泉州信息职业技术学院陈喜艳任副主编，漳州职业技术学院郭永禄为参编。张洋编写了项目1；陈喜艳编写了项目2和项目3中的任务3.8；戴树春编写了项目3中的任务3.1、任务3.2、任务3.3、任务3.4、任务3.6、任务3.7和项目4；郭永禄编写了项目3中的任务3.5。在编写过程中编者参考了许多文献已列在书后，对参考文献的各位作者表示衷心的感谢。

漳州市明达光电科技有限公司总经理洪建华、漳州市威华电子有限公司总经理张怀恩等，为本书的编写给予了真诚的帮助和大力支持，提供了相关资料，得到他们企业中具有丰富实践经验的工程师的指导，使本书既能反映专业特色，又能适合地方的经济建设，在此深表感谢。

由于编者水平有限，书中难免存在错误和不妥之处，欢迎使用本书的读者批评指正。

编　者

目　录

项目1 常用电子元器件的识别与检测

学习目标：

(1) 会识别常用电子元器件的种类，熟悉其名称和作用。

(2) 通过对常用电子元器件的检测，熟练掌握常用检测工具及仪表的使用及各种检测方法。

学习内容：

(1) 了解电子产品中的常用电子元器件的种类、特点以及功能。

(2) 熟悉各种常用电子元器件的外形和主要指标及检测方法。

引导课文：

纷繁多样的电子产品（如家用电器、仪器仪表等）都由各种各样的电子元器件构成，故对于常用元器件的性能、用途、质量等判别方法的学习和掌握还是十分必要的，因其对提高电气设备的装配质量及可靠性以及提高性价比都将起到重要的保证作用。电阻、电容、电感、二极管、晶体管、集成电路等都是电子电路中常用的元器件。

任务1.1 电阻的识别与检测

1.1.1 电阻及其特性

电阻的种类有很多，通常分为3大类：固定电阻、可变电阻、特种电阻。电阻在电路中的作用可概括为：在串联电路中起限流和分压的作用，在并联电路中起分流的作用。

1. 固定电阻及参数指标

常用电阻的外形如图1-1所示。

(1) 标称阻值与允许误差。

电阻通常用大写字母 R 表示，阻值的基本单位是欧姆，简称为欧（Ω）。除欧姆外，常用单位还有千欧（$k\Omega$）和兆欧（$M\Omega$），它们之间的换算关系为：

$1\ M\Omega = 10^3\ k\Omega = 10^6\ \Omega$

电阻上标称电阻值的表示方法一般有4种。

1）直标法。直标法是指用阿拉伯数字和单位符号在电阻的表面上直接标出标称阻值和允许误差。其优点是直观、易于辨读。例如：图1-2 在电阻体上印有"0.47ΩK"的字样，表示这个电阻的阻值为 0.47Ω，K 表示允许误差为 ±10%。

2）文字符号表示法。文字符号表示法是把文字、数字有规律地结合起来表示电阻的标称阻值和允许误差，如图1-3所示。允许误差的字母代号与对应数值如表1-1所示。

表1-1 允许误差的字母代号与对应数值

字母代号	W	B	C	D	F	G	J	K	M	N	R	S	Z
允许误差（%）	±0.05	±0.1	±0.2	±0.5	±1	±2	±5	±10	±20	±30	+100 −10	+50 −10	+80 −20

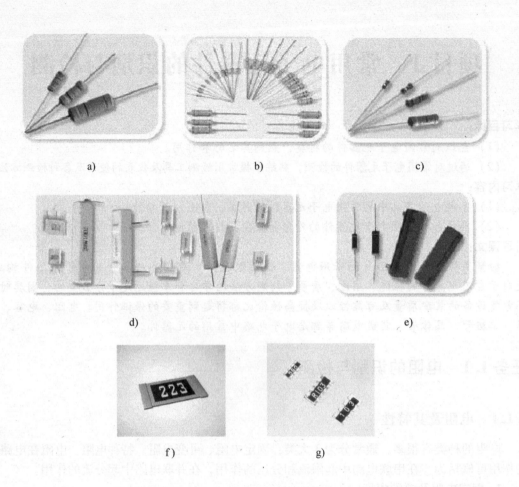

图 1-1　几种常见电阻的外形

a）金属氧化膜电阻　b）碳膜电阻　c）金属膜电阻　d）水泥线绕电阻

e）被漆线绕电阻　f）贴片电阻　g）贴片排阻

图 1-2　电阻的直标法

例：如表 1-2 所示是在电阻上印有文字符号表示法的字样与对应数值。

表 1-2　文字符号表示法与对应数值

文字符号法	1K5J	4K7K	3Ω6M	R5F	3M3J
标称阻值	1.5kΩ	4.7 kΩ	3.6Ω	0.5Ω	3.3MΩ
允许误差	± 5%	± 10%	± 20%	± 1%	± 5%

从上表中可看出，第一个字母表示单位，如：R（Ω）表示欧姆（10^0），K 表示千欧

（10^3），M 表示兆欧（10^6），G 表示吉欧（10^9），T 表示太欧（10^{12}），也代替了小数点，可以理解为单位前面是整数，单位后面是小数部分，小数点前面是 0 不写；第二个字母表示允许误差。

图 1-3　电阻的文字符号表示法

3）数码表示法。用 3 位数字表示电阻值、用相应字母表示允许偏差的方法称为数码表示法。其中，数码按从左到右的顺序，第一、二位为电阻值的有效值，第三位为零的个数，电阻的单位是 Ω。10Ω 以下的小数点也与文字符号法相同，如：2.2Ω 也用 2R2 来表示。

例如：102J 的标称阻值为 $10 \times 10^2 \Omega = 1k\Omega$，J 表示该电阻的允许误差为 ±5%；

图 1-1f 中，"223" 表示标称阻值为 $22 \times 10^3 \Omega = 22k\Omega$。

4）色标法。色标法是用色环、色点或色带在电阻的表面上标出标称阻值和允许误差，色标法与对应数值如表 1-3 所示。一般有四色环和五色环两种。四色环色标法：普通电阻器大多用四色环色标法来标注。四色环的前两条色环表示阻值的有效数字，第三条色环表示阻值倍率，第四条色环表示阻值允许误差范围。五色环色标法：精密电阻器大多用五色环色标法来标注。五色环的前三条色环表示阻值的有效数字，第四条色环表示阻值的倍率，第五条色环表示允许误差范围。色标法中色环电阻读值如图 1-4 所示。

表 1-3　色标法与对应数值

颜色	黑	棕	红	橙	黄	绿	蓝	紫	灰	白	金	银	本色
对应数值	0	1	2	3	4	5	6	7	8	9			
应乘倍率	$\times 10^0$	$\times 10^1$	$\times 10^2$	$\times 10^3$	$\times 10^4$	$\times 10^5$	$\times 10^6$	$\times 10^7$	$\times 10^8$	$\times 10^9$	$\times 10^{-1}$	$\times 10^{-2}$	
误差率（%）		±1	±2			±0.5	±0.25	±0.1			±5	±10	±20
温度系数	200ppm	100ppm	50ppm	15ppm	25ppm	20ppm	10ppm	5ppm	1ppm				

例如：红、红、红、银四环表示的阻值为 $22 \times 10^2 = 2200\Omega$，允许偏差为 ±10%；

棕、紫、绿、银、棕五环表示阻值 $175 \times 10^{-2} = 1.75\Omega$，允许偏差为 ±1%。

（2）额定功率。

电阻的额定功率是指在特定环境温度范围内所允许承受的最大功率。它决定了电阻能安全通过的电流大小。常用电阻器的功率有 1/8W、1/4W、1/2W、1W、2W、5W、10W 等。

2. 可变电阻

可变电阻可分为微调电阻和电位器两种，一般有 3 只引脚，若带中心抽头则有 4 只引脚，若是多联电位器，引脚数就更多了，其中每一个单联电位器都只有一只滑动臂，其余为固定臂。可变电阻的阻值可在一定范围内调整，标称阻值是指两个固定端之间的阻值为最大值，并将该电阻值称为这个可变电阻的阻值，滑动臂与任意一个固定端之间的电阻值可以随着轴臂的旋转而改变，在 0 和最大值之间连续可调。可变电阻器的外形如图 1-5 所示。

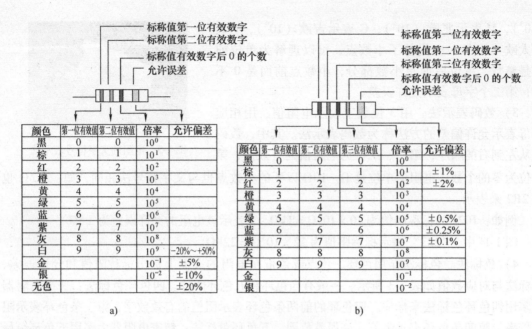

图1-4 色环电阻读值

a) 四色环电阻 b) 五色环电阻

电位器的一般标识方法如图1-6所示。

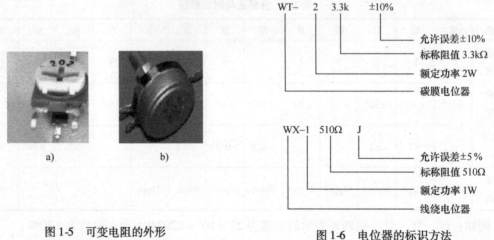

图1-5 可变电阻的外形
a) 微调电阻 b) 电位器

图1-6 电位器的标识方法

1.1.2 电阻的检测方法

1. 万用表测量实际电阻值

1) 将万用表拨到欧姆档,两只表笔(不分正、负)分别与电阻的两端引脚相接即可测出实际电阻值。为了提高测量精度,应根据被测电阻标称值的大小来选择量程,并应使指针指示值尽可能落到刻度的中段位置,即全刻度起始的20%~80%弧度范围内,以使测量更准确。根据电阻误差等级不同。读数与标称阻值之间分别允许有±5%、±10%或±20%的误差。如不相符,超出误差范围,则说明该电阻值变值了。

2) 注意:测试时,特别是在测几十千欧以上阻值的电阻时,手不要触及表笔和电阻的导电部分；被检测的电阻必须从电路中拆焊下来或至少要焊开一个端头，以免电路中的其他元器件对测试产生影响，造成测量误差；色环电阻的阻值虽然能以色环标志来确定，但在使用时最好还是用万用表测量一下其实际阻值。

2. 检测电位器

（1）转动电位器的转轴或滑动电位器的沿片。

在操作过程中，若能感到平滑和具有良好的手感，并且电位器内部无"沙沙"声，则说明此电位器性能良好；否则，应对其进行检修。

（2）测量电位器的标称阻值。

测量出的电位器两定片之间的阻值应为其标称阻值。如果测量值与电位器的实际标称阻值相差很大，则说明其已损坏。

（3）检测滑动片与电阻体定片之间的接触状况。

将万用表拨到欧姆档，根据被测电位器的标称阻值大小，选择合适的量程档。万用表的一只表笔接触中心焊片（滑动）的引脚（注意：中心焊片的引脚是固定的，而滑动片是可以直接移动的），另一只表笔接触其两端定片引脚中的任意一个，慢慢地将转轴（柄）从一个极端旋转到另一个极端，其阻值应从近似 0（原因是电位器上存在着活动触头，而活动触头存在着接触电阻）连续变化到电位器的标称阻值，或者做相反变化。在此操作过程中，万用表的指针不应有跳动现象，否则，表明电位器的活动触头有接触不良的故障。

（4）检测开关性能。

带开关的电位器，当将其开关接通或断开时，应能听到清脆的响声，否则，将对其进行检修。将万用表置于 $R \times 1\Omega$ 档，两只表笔分别接触开关的两个焊片：当开关接通时，开关的两焊片之间的阻值应近似为 0，否则说明电位器开关触头接触不良；当开关断开时，开关的两焊片之间的阻值应为无穷大，否则说明电位器开关失控。

（5）检测电位器外壳与各引脚的绝缘性能。

将万用表置于 $R \times 10\mathrm{k}\Omega$ 档，万用表的一只表笔接触电位器的外壳，另一只表笔分别逐个接触电位器的各个引脚。测得的阻值都应为无穷大，否则说明电位器外壳与引脚存在着短路现象或者它们之间的绝缘性能不好。

1.1.3 电阻的使用常识

（1）用万用表测量在电路中的电阻时，首先应把电路中的电源切断，然后将电阻的一端与电路断开，以免电路元器件的并联影响测量的准确性。测量电阻时，不允许用两只手同时接触表笔的两端，否则会将人体电阻并联在被测电阻上而影响测量的准确性。要精确测量某些电阻值时需用电阻电桥。

（2）电阻在使用前，最好用万用表测量一下阻值，检查无误后，方可使用。用文字直接标志的电阻，装配时应使其有标志的一面向上，以便查对。

（3）电位器使用一段时间后最易出现的故障是噪声大，特别是非密封的带开关的电位器，主要原因是电阻膜被磨损，接触电阻不稳定。可用无水酒精清洗内部电阻膜，去除摩擦产生的碳粉及污垢。当然磨损严重的电位器就需要更换了。

（4）额定功率合适。选用的功率过大，电阻的体积也大，成本也就相应增加，不利于电路的设计和装配；但是，为了保证电阻的安全使用，额定功率也不能选得过小。通常选用的额定功率应大于实际消耗的功率的两倍左右。

（5）误差大小合适。一般选用的电阻与电路图中的设计值有 10% 的浮动。个别阻值要求精确的地方，其安装说明中会特别指出。因此，一般可使用误差环是银色的电阻，个别地方应使用五色环精密电阻。

（6）由于电子装置中大量使用小型和超小型电阻，所以焊接时使用尖细的烙铁头，功率在 30W 以下。尽可能不要把引线剪得过短，以免在焊接时热量传入电阻内部，引起阻值的变化。

（7）色环电阻顺序的识别方法。

色环电阻是应用于各种电子设备中最多的电阻类型，无论怎样安装，都应使维修者能方便的读出其阻值，便于检测和更换。但在实践中发现，有些色环电阻的排列顺序不甚分明，往往容易读错，在识别时，可运用如下技巧加以判断。

技巧 1：先找标志误差的色环，从而排定色环顺序。最常用的表示电阻误差的颜色是：金、银、棕，尤其是金色环和银色环，一般不会用做电阻色环的第一环，所以在电阻上只要有金色环和银色环，就可以基本认定这是色环电阻的最末一环。

技巧 2：棕色环是否是误差标志的判别。棕色环既常用做误差环，又常作为有效数字环，且常常在第一环和最末一环同时出现，使人很难识别哪一环是始末。在实践中，可以按照色环之间的间隔加以判别：比如对于一个五道色环的电阻而言，第五环和第四环之间的间隔比第一环和第二环之间的间隔要宽一些，据此可判定色环的排列顺序。

技巧 3：在仅靠色环间距还无法判定色环顺序的情况下，还可以利用电阻的生产序列值来加以判别。比如有一个电阻的色环读序是：棕、黑、黑、黄、棕，其值为：$100 \times 10^4 \Omega = 1M\Omega$，误差为 $\pm1\%$，属于正常的电阻系列值，若是反顺序读：棕、黄、黑、黑、棕，其值为 $140 \times 10^0 \Omega = 140\Omega$，误差为 $\pm1\%$。显然按照后一种排序所读出的电阻值，在电阻的生产系列中是没有的，故后一种色环顺序是不对的。若以上两种方法还是无法确定阻值，那只好配合万用表测量来确定。

1.1.4 特种电阻

1. 光敏电阻

光敏电阻又称为光导管，如图 1-7a 所示。它是利用半导体的光电效应制成的一种电阻值随入射光的强弱而改变的电阻；入射光强，电阻减小，入射光弱，电阻增大。

其主要参数：

① 亮电阻（$k\Omega$）：指光敏电阻受到光照射时的电阻值。

② 暗电阻（$M\Omega$）：指光敏电阻在无光照射（黑暗环境）时的电阻值。

③ 最高工作电压（V）：指光敏电阻在额定功率下所允许承受的最高电压。

④ 灵敏度：指光敏电阻在有光照射和无光照射时电阻值的相对变化。

除此之外，还有亮电流、暗电流、时间常数和电阻温度系数等。

检测：

1）检测暗电阻：用小黑纸片遮在光敏电阻的透光窗，此时万用表的指针应有微小幅度的摆动，阻值明显很大。暗电为数兆欧至几十兆欧，则说明光敏电阻质量良好。

2）检测亮电阻：将光源对准光敏电阻的逐透光窗口，此时万用表的指针应有较大幅度的摆动，阻值明显减小。此值越小说明光敏电阻性能越好，若此值很大甚至无穷大，表明光敏电阻内部开路损坏，也不能再继续使用。

3）检测灵敏性：将光敏电阻透光窗口对准入射光线，用小黑纸片在光敏电阻的透光窗上部晃动，使其间断受光，此时万用表指针应随黑纸片的晃动而左右摆动。如果万用表指针始终停在某一位置不随纸片晃动而摆动，说明光敏电阻的光敏材料已经损坏。

2. 热敏电阻

热敏电阻电阻值随着其表面温度的高低的变化而变化，如图 1-7b 所示。热敏电阻分为正温度系数和负温度系数电阻。选用时不仅要注意其额定功率、最大工作电压、标称阻值，更要注意最高工作温度和电阻温度系数等参数，并注意阻值变化方向。检测如下所述。

（1）常温检测（室内温度接近 25℃）。

将两表笔接触热敏电阻的两引脚测出其实际阻值，并与标称阻值相对比，二者相差在 ±2Ω 内即为正常。实际阻值若与标称阻值相差过大，则说明其性能不良或已损坏。

（2）加温检测将一热源（例如电烙铁）靠近热敏电阻对其加热，同时用万用表监测其电阻值是否随温度的升高而变化，阻值增大为 PTC，阻值减小为 NTC。

若测得是开路或短路，或阻值偏离标称阻值很多，或加温后阻值无变化的，均说明热敏电阻器已损坏。

3. 压敏电阻

压敏电阻是对电压变化很敏感的非线性电阻，如图 1-7c 所示。当电阻上的电压在标称值内时，电阻上的阻值呈无穷大状态，当电压略高于标称电压时，其阻值很快下降，使电阻处于导通状态，当电压减小到标称电压以下时，其阻值又开始增加。选用时，压敏电阻的标称电压值应是加在压敏电阻两端电压的 2～2.5 倍，另需注意压敏电阻的温度系数。

辨认压敏电阻的方法，一是看在标记了标称电压值后面是否标记了 "V"，有就是压敏电阻。另一种方法是看透明外壳封装的一端上是否标印了一个黑点，有就是压敏电阻。

检测：在常态下（脱开电路后），用万用表的 $R \times 1k\Omega$ 档测量压敏电阻两引脚之间的正、反向绝缘电阻，均应为无穷大。否则，说明漏电流大。若所测电阻很小，说明压敏电阻已损坏，不能使用。

4. 湿敏电阻

湿敏电阻是对湿度变化非常敏感的电阻，能在各种湿度环境中使用，如图 1-7d 所示。选用时应根据不同类型号的不同特点以及湿敏电阻的精度、湿度系数、响应速度、湿度量程等进行选用。

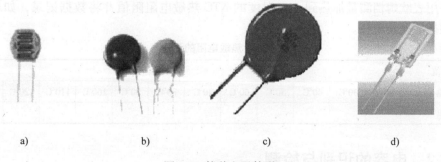

a)　　　　　　　　b)　　　　　　　　c)　　　　　　　　d)

图 1-7　特种电阻外形

a）光敏电阻　b）热敏电阻　c）压敏电阻　d）湿敏电阻

1.1.5　任务实施

1. 电阻的测量

用万用表测量 5 个色环电阻，并将数据记录如表 1-4 所示。

表 1-4　电阻的测量

次数	电阻色环	电阻标称值	实测值	误差	误差分析
1					
2					
3					
4					
5					

2. 电位器的测量

用万用表测量 3 个电位器的固定电阻值，并检测当转动其动点时，能否改变动点与定点之间的电阻值，并将数据记录，如表 1-5 所示。

表 1-5　电位器的测量

次数	标称值	实测值	动点与定点电阻可调否	综合判定电位器良好否
1				
2				
3				

3. 光敏电阻的测量

用万用表欧姆档分别测量可见光敏电阻及紫外光敏电阻的暗电阻和亮电阻并将数据记录，如表 1-6 所示。

表 1-6　光敏电阻的测量

MG45-14 可见光敏电阻	正向	暗电阻	MG25-14 紫外 光敏电阻	正向	暗电阻
		亮电阻			亮电阻
	反向	暗电阻		反向	暗电阻
		亮电阻			亮电阻

4. 热敏电阻的测量

用万用表欧姆档测量加热到一定温度的 NTC 热敏电阻阻值并将数据记录，如表 1-7 所示，再根据数据绘曲线。

表 1-7　热敏电阻的测量

标称值												
加热	20℃	30℃	40℃	50℃	60℃	70℃	80℃	90℃	100℃	110℃	120℃	150℃
电阻												

任务 1.2　电容的识别与检测

在我们周围能看到很多容器，如粮仓、油筒、杯子等。在电子装备中，却有一种与众不同的容器，在它内部可储存电荷，我们称它为电容。电容是电子产品中主要的元件之一，和电阻一样，几乎每种电子电路中都离不开它。电容是一种储存电能的元件。两块相互平行的且互不接触的金属板就构成一个最简单的电容。根据两块金属板之间填充绝缘介质（空气也可以）不同、电容应用不同、结构不同、材料不同，它的品种规格也是五花八门，如图1-8所示。

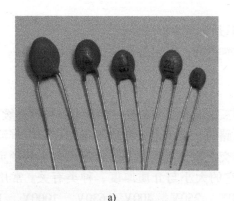
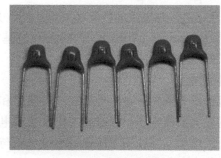

a)   b)

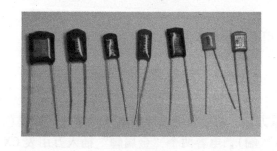
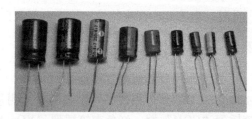

c)   d)

图1-8 电容外形
a）瓷介电容 b）独石电容 c）涤纶电容 d）电解电容

1.2.1 电容及其特性

在电路中，电容可用于隔直流、滤波、旁路、耦合或与电感组成振荡回路等。电容主要有3种，一是普通固定电容，这种电容的容量一般小于$1\mu F$；二是电解电容，它的容量一般大于$1\mu F$；三是可变电容和微调电容。

1. 标称电容量

电容用大写字母C表示，电容基本单位是法拉（F），常用单位还有毫法（mF）、微法（μF）、纳法（nF）、皮法（pF），它们之间的换算关系为：

$$1F = 10^3 \ mF = 10^6 \mu F = 10^9 \ nF = 10^{12} \ pF$$

电容产品标出的电容量值，如云母和陶瓷介质电容的电容量较低（大约在5000pF以下）；纸、塑料和一些陶瓷介质形式的电容居中（大约在$0.005 \sim 1.0\mu F$）；通常电解电容的容量较大。这是一个粗略的分类法。电容的标称容量的表示方法与电阻相同，同样有直标法、文字符号法、色标法和数码表示法4种。

1）直标法。将电容的容量、允许偏差、额定电压等参数直接标记在电容体上。直标法常因电容体表面的面积小而没有标记单位，若无特别说明，单位一般为皮法（pF）；若有小数点的，存在这样的规律，即小数点前面为0（通常是没有标出）时，则单位为微法（μF）；小数点前面不为0（有数字）时，则单位为皮法（pF）。

2）文字符号法。与电阻的文字符号法相同，只是单位不同。如：3n3 = 3.3nF，p82 = 0.82pF，4 μ7 = 4.7μF。

3）色标法。与电阻的色标法规定相同，只是单位为皮法（pF）。

4）数码表示法。与电阻的数码表示法基本相同，不同的是单位为皮法（pF），且第3位数为"9"时表示 10^{-1}。

2. 额定电压

电容额定直流工作电压是指在下限温度和额定温度之间的任一温度下，可以连续施加在电容上的最大直流电压。当电容工作在交流电路时，交流电压峰值不得超过额定直流电压。对于所有的电容，在使用中应保证直流电压与交流峰值电压之和不得超过电容的额定电压。该参数一般直接标记在电容上，以便选用，它的大小与介质厚度、种类有关。常用的有：6.3V、10V、16V、25V、63V、100V、160V、250V、400V、630V、1000V、1600V、2500V等。

此外，电容还有温度特性、绝缘电阻及使用寿命等技术参数。

1.2.2 电容的检测方法

1. 数字万用表测量电容容量

20pF 以下容量可用数字万用表测量，测量方法：两个表笔按照测电压时插好（即黑色表笔插到"COM"端，红色表笔插到"VΩmA"端），电容两个"金属脚"插入万用表 CX 孔，表盘档位指向 CX 即可读数。不同档位测量值不同，越接近测量值量称的档位，测量误差越小。

2. 万用电桥测量电容容量

WQJ-1A 型精密万用电桥读数的指示部分用数码管指示，有效数字为 4 位，小数点和单位皆用指示灯标出，因此读数十分方便。

该电桥电容量测量范围为 0.1pF ~ 110μF，共分七档。其测量方法如下所述。

1）测量前调节平衡指示表的机械零点（一般不必每次都调），接通电源，单位和小数点指示灯亮，预热约 5min。

2）测电容时，须用损耗平衡旋钮来平衡电容的电阻分量。所有的电容都可以在 1kHz 下测量。在大多数情况下，D-Q 开关可以放在 Q > 30 档。

LCR 开关：置"C"。D-Q 开关：置 Q > 30（测电解电容器时放在 Q = 0 ~ 30 档）。1 ~ 10kHz 开关：置 1kHz。损耗平衡：中间。平衡细调：中间。Q 细调：中间。

3）若不知被测电容的容量时，则将"量程"开关置第"1"档，再按选择电阻量程的方法来选择电容的量程。如果量程到了最低档，表针指示仍继续下降，说明被测电容量小于 460pF。

选好量程后，顺时针转动粗调旋钮（若电容小于 460pF，则逆时针旋转），使表针指示最小。为了得到尖锐的平衡点，最好同时调节损耗平衡和平衡粗调旋钮。最后调节平衡细调旋钮和损耗平衡旋钮（必要时调节 Q 细调），使表针尽可能指示零。

此时，计数显示器的读数即为被测电容的电容量值。

3. 检测电容的质量

固定电容的检测如下所述。

1) 检测 10pF 以下的小电容。因 10pF 以下的固定电容容量太小，用万用表进行测量，只能定性地检查其是否有漏电，内部短路或击穿现象。测量时，可选用万用表 $R \times 10k\Omega$ 档，用两表笔分别任意接电容的两个引脚，阻值应为无穷大。若测出阻值（指针向右摆动）为零，则说明电容漏电损坏或内部击穿。

2) 检测 10pF ~ 0.01μF 固定电容是否有充电现象，进而判断其好坏。万用表选用 $R \times 1k\Omega$ 档。取两只 β 值均为 100 以上的晶体管，且穿透电流要小。可选用 3DG6 等型号硅晶体管组成复合管。万用表的红和黑表笔分别与复合管的发射极 e 和集电极 c 相接。由于复合晶体管的放大作用，把被测电容的充放电过程予以放大，使万用表指针摆幅度加大，从而便于观察。应注意的是：在测试操作时，特别是在测较小容量的电容时，要反复调换被测电容引脚接触 A、B 两点，才能明显地看到万用表指针的摆动。

3) 对于 0.01μF 以上的固定电容，可用万用表的 $R \times 10k\Omega$ 档直接测试电容有无充电过程以及有无内部短路或漏电，并可根据指针向右摆动的幅度大小估计出电容的容量。

4. 电解电容的检测

1) 因为电解电容的容量较一般固定电容大得多，所以，测量时，应针对不同容量选用合适的量程。根据经验，一般情况下，1 ~ 47μF 间的电容，可用 $R \times 1k\Omega$ 档测量，大于 47μF 的电容可用 $R \times 100\Omega$ 档测量。

2) 将万用表红表笔接负极，黑表笔接正极，在刚接触的瞬间，万用表指针即向右偏转较大偏度（对于同一电阻档，容量越大，摆幅越大），接着逐渐向左回转，直到停在某一位置。此时的阻值便是电解电容的正向漏电阻，此值略大于反向漏电阻。实际使用经验表明，电解电容的漏电阻一般应在几百千欧以上，否则，将不能正常工作。在测试中，若正向、反向均无充电的现象，即表针不动，则说明容量消失或内部断路；如果所测阻值很小或为零，说明电容漏电大或已击穿损坏，不能再使用。

3) 对于正、负极标志不明的电解电容，可利用上述测量漏电阻的方法加以判别。即先任意测一下漏电阻，记住其大小，然后交换表笔再测出一个阻值。两次测量中阻值大的那一次便是正向接法，即黑表笔接的是正极，红表笔接的是负极。使用万用表电阻档，采用给电解电容进行正、反向充电的方法，根据指针向右摆动幅度的大小，可估测出电解电容的容量。

5. 可变电容的检测

1) 用手轻轻旋动转轴，应感觉十分平滑，不应感觉有时松时紧甚至有卡滞现象。将转轴向前、后、上、下、左、右等各个方向推动时，转轴不应有松动的现象。

2) 用一只手旋动转轴，另一只手轻摸动片组的外缘，不应感觉有任何松脱现象。转轴与动片之间接触不良的可变电容，是不能再继续使用的。

3) 将万用表置于 $R \times 10k\Omega$ 档，一只手将两个表笔分别接可变电容的动片和定片的引出端，另一只手将转轴缓缓旋动几个来回，万用表指针都应在无穷大位置不动。在旋动转轴的过程中，如果指针有时指向零，说明动片和定片之间存在短路点；如果碰到某一角度，万用表读数不为无穷大而是出现一定阻值，说明可变电容动片与定片之间存在漏电现象。

1.2.3　任务实施

电容的测量：用万用表测量两个陶瓷小电容和两个电解电容的容值，并定性检测一个标称值为$47\mu F$的电能电容的好坏，将数据记录如表1-8所示。

表1-8　电容的测量

次数	标称值	实测值	电容良好否
1			
2			
3			
4			

任务1.3　电感的识别与检测

1.3.1　电感及其特性

电感是用漆包线、纱包线或塑皮线等在绝缘骨架或磁心、铁心上绕制成的一组串联的同轴线圈。在电路中，电感起"通直流，阻交流"作用，是一种储能元件，电感多与电阻、电容构成滤波或谐振回路，对交流信号多是扼流滤波和滤除高频杂波的作用。它的外形也多种多样，如图1-9所示。

电感的主要参数如下所述。

1. 电感量

电感量是反映电感线圈自感应能力的物理量，故也称为自感系数。电感量的大小与线圈的形状、结构和材料有关，取决于线圈匝数、绕制方法、有无磁心及磁心的材料等。线圈匝数越多越密，电感量就越大；有磁心的线圈比无磁心的线圈电感量大，磁心磁导率越大电感量也大。在电路中电感用大写字母L表示，单位是亨利"H"，实际的电感量也常用"mH"和"μH"作为单位，它们之间的换算关系为：

$$1H = 10^3 mH = 10^6 \mu H$$

标称电感量与电阻一样也有4种表示法，通常用直标法和色标法，色标法识别与电阻类似，但单位为微亨（μH）。例如，棕、黑、金、金表示$1\mu H$（误差±5%）的电感。

2. 品质因数

品质因数也称为Q值，用来表示线圈损耗的大小。它是指电感在某一频率的交流电压下工作时，所呈现的感抗与损耗电阻之比。电感的Q值越高，其损耗越小，效率越高。

3. 固有电容

电感线圈的分布电容是指线圈的匝数之间形成的电容效应。线圈绕组的匝与匝之间存在着分布电容，多层绕组层与层之间，也都存在着分布电容。这些分布电容可以等效成一个与线圈并联的电容C，实际上是由L、R和C组成的并联谐振电路。

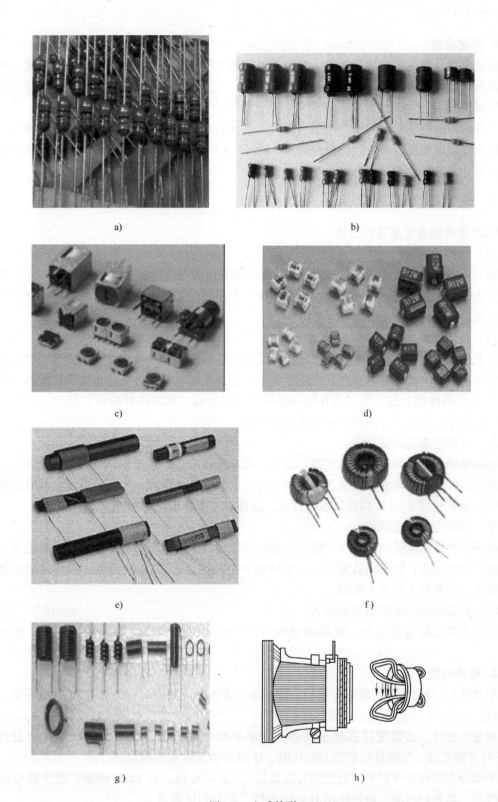

图 1-9　电感外形

a）色环电感　b）立式、卧式电感　c）可调电感　d）贴片电感

e）磁棒天线　f）环形电感线圈　g）空芯电感线圈　h）偏转线圈

4. 额定电流

额定电流是指电感正常工作时，允许通过的最大电流。若工作电流大于额定电流，则电感会因发热而改变参数，严重时会烧毁。

5. 允许偏差

允许偏差是指电感器的标称电感量与实际电感的允许误差值。一般用于振荡或滤波等电路中的电感要求精度较高，允许偏差为 ±0.2% ~ ±0.5%，用于耦合、高频阻流的电感要求精度不高，允许偏差为 ±10% ~15%。

1.3.2 电感的检测方法

1. 万用表测量电感器的方法

（1）直测电感量。

用万用表的电感档直接测电感量 L。若所用的万用表有电感刻度盘，则对电感量 L 值的测量更为简单。只要把电感元件的两根引脚插入万用表的相应孔中，就可以根据指针在刻度盘上所指的位置直接读出该电感量 L。

（2）性能检测方法。

在业余条件下，电感的电感量比较小时是难以准确地测定其电感量值的大小。但使用万用表的电阻档，测量电感的通断及电阻值大小，通常是可以对其好坏作出鉴别判断的。将万用表置于 $R \times 1\Omega$ 档，红、黑表笔各接电感的任一引出端，此时指针应向右摆动。根据测出的电阻值大小，可具体分下述 3 种情况进行鉴别。

① 被测电感电阻值为零。

说明电感内部线圈有短路性故障。注意，测试操作时，一定要先认真将万用表调零，并仔细观察指针向右摆动的位置是否确实到达零位，以免造成误判。当怀疑电感内部有短路性故障时，最好是用 $R \times 1\Omega$ 档反复多测几次，这样，才能作出正确的鉴别。

② 被测电感有电阻值。

被测电感直流电阻值的大小与绕制电感线圈所用的漆包线径、绕制圈数有直接关系，线径越细，圈数越多，则电阻值越大。一般情况下用万用表 $R \times 1\Omega$ 档测量，只要能测出电阻值，则可认为被测电感是正常的。

③ 被测电感的电阻值为无穷大。

这种现象比较容易区分，说明电感内部的线圈成引出脚与线圈接点处发生了断路性故障。

2. 电桥测量方法

用 WQ-1A 型精密电桥测量电感量比较准确，该仪器可测量 $0.1\mu H \sim 110H$ 的电感值，共分 7 档。

测量电感时，必须使用损耗平衡各旋钮来平衡电感的电阻成分，损耗平衡度盘仅在 1kHz 时才能直读，当测量频率为 10kHz 时，Q 和 D 的刻度都要乘以 10。

大部分音频和电源频率的电感都可以使用 $Q = 0 \sim 30$ 档，在 1kHz 测量。对于低 Q 的小电感线圈，如射频线圈，最好使用 $Q = 0 \sim 3$ 档，在 10kHz 测量。

测量方法：

LCR 开关，置于"L"；D-Q 开关，置于"Q"~30μF；1~10kHz，置于"1kHz"；损

耗平衡度盘约10；Q 细调旋钮，置于中间位置；平衡细调旋钮，置于中间位置。

根据已知被测电感的大体值来选择量程，若不知被测电感值，先把"量程"开关置最高档（第七档），再按选择电阻量程的方法来选择电感的量程。如果量程到了最低档，表针指示仍继续下降，说明被测电感值小于 10μH。

选好量程后，顺时针转动粗调旋钮（若电感小于 10μH，则逆时针旋转），使表针指示最小。为了得到尖锐的平衡点，最好同时调节损耗平衡和平衡粗调旋钮。最后调节平衡细调旋钮和损耗平衡旋钮（必要时调节 Q 细调），使表针尽可能指示为零。

此时，计数显示器的读数即为被测电感的电感值。

1.3.3　任务实施

1. 器材准备

（1）各种类型、不同规格的电感。

（2）找一个包含有较多各种类型元器件的实际电子产品的电路板（如：电视机的主机板）。

（3）每人配备指针式万用表和数字式万用表各一只。

2. 实施过程

（1）辨别各种类型、不同规格的电感，识读其上的各种标志及标称值。

（2）用万用表测量这些电感的参数，并判别其质量的好坏。

（3）辨别出实际电子产品电路板上的各种类型、不同规格的电阻、电容、电感。

（4）记录操作结果，并写出工作报告。

任务 1.4　常用半导体器件的识别与检测

1.4.1　二极管及其特性

二极管种类有很多，根据其不同用途，可分为检波二极管、整流二极管、稳压二极管、开关二极管、隔离二极管、肖特基二极管、发光二极管、硅功率开关二极管和旋转二极管等，如图 1-10 所示。

图 1-10　二极管外形

用来表示二极管的性能好坏和适用范围的技术指标称为二极管的参数。不同类型的二极管有不同的特性参数，主要有以下几个。

1. 导电特性

二极管最重要的特性就是单方向导电性。正向特性：二极管在正向电压作用下电阻很小，处于导通状态；反向特性：在反向电压作用下，电阻很大，处于截止状态。

2. 最大整流电流

最大整流电流是指二极管长期连续工作时允许通过的最大正向电流值。因为电流通过管子时会使管芯发热，温度上升，温度超过容许限度（硅管为141℃左右，锗管为90℃左右）时，就会使管芯过热而损坏。

3. 最高反向工作电压

加在二极管两端的反向电压高到一定值时，会将管子击穿，失去单向导电能力。为了保证使用安全，规定了最高反向工作电压值。而稳压二极管是经常工作在反向击穿状态。在产生反向击穿以后，稳压管的电流有较大的变化，稳压管两端电压（稳压电压值）变化也极小，因而起到稳压作用。

4. 反向电流

反向电流是指二极管在规定的温度和最高反向电压作用下，流过二极管的反向电流。反向电流越小，管子的单方向导电性能越好。值得注意的是反向电流与温度有着密切的关系，大约温度每升高10℃，反向电流增大一倍。

5. 最高工作频率

最高工作频率是二极管工作的上限频率。超过此值时，由于结电容的作用，二极管将不能很好地体现单向导电性。

1.4.2 二极管的检测方法

1. 万用表测试二极管导电特性

测试前先把万用表的转换开关拨到欧姆档的 $R \times 100\Omega$ 或者 $R \times 1\mathrm{k}\Omega$ 档，再将红、黑两根表笔短路，进行欧姆调零。

（1）正向特性测试。

把指针式万用表的黑表笔（表内正极）搭触二极管的正极，红表笔（表内负极）搭触二极管的负极。若表针不摆到0值而是停在标度盘的中间，这时的阻值就是二极管的正向电阻，一般正向电阻越小越好。若正向电阻为0值，说明管芯短路损坏，若正向电阻接近无穷大值，说明管芯断路。短路和断路的管子都不能使用。

（2）反向特性测试。

把万用表的红表笔搭触二极管的正极，黑表笔搭触二极管的负极，若表针指在无穷大值或接近无穷大值，二极管就是合格的。

2. 晶体管图示仪测量二极管特性曲线

用晶体管图示仪可以方便地测量二极管，且可测量二极管的有关数据，如图 1-11 所示。

（1）正向特性的测量。

二极管在晶体管特性图示仪上的接法如图1-11 a 所示。在测量前，先将光点的零点位置

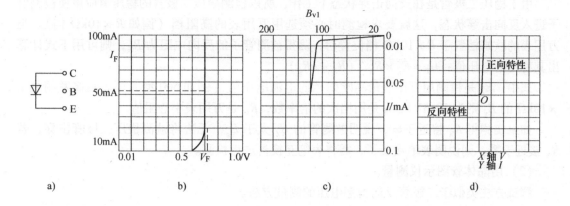

图 1-11　二极管与图示仪测试曲线

a）二极管在图示仪上的接法　b）正向特性曲线　c）反向击穿特性曲线　d）正反特性同时显示曲线

移至坐标的左下角，各旋钮的位置（须根据被测管情况调整，本例是测 2CP11 二极管）：

峰值电压范围	0～20V
集电极扫描极性	正（＋）
功耗电阻	200Ω
X 轴集电极电压	0.1V/度
Y 轴集电极电流	10mA/度

测量时，慢慢调节集电极峰值电压旋钮，即可得到图 1-11b 所示的特性曲线。在 I_F = 50mA 时所对应的 X 轴电压即为被测的 V_F，图中所示为 0.7V。

（2）反向击穿电压的测试。

测量时的接线同图 1-11a 所示。先将光点的零点位置移到坐标的右上角，各旋钮位置如下所述。

峰值电压范围	0～20V
集电极扫描极性	负（－）
X 轴集电极电压	20V/度
Y 轴集电极电流	0.01mA/度
功耗限制电阻	1kΩ
阶梯作用	关

测量时，慢慢调节集电极峰值电压旋钮，即可得如图 1-11c 所示的特性曲线。图示中测得的反向击穿电压为 112V。此外，还可以进行反向电流的测量，其方法与晶体管的反向电流测量类似。必要时，将 Y 轴作用的倍率开关置于 ×0.1 档进行测量。

此外，把光点的零点位置移到坐标的中心，各旋钮的位置同测反向特性时的位置，但适当加大 Y 轴集电极电流档级，例如 1mA/度，然后交替转换集电极扫描的正、负极性，即可看到图 1-11d 的二极管正向和反向总的特性曲线。采用这种方法有助于对二极管整个特性的了解。

3. 检测稳压二极管稳压值

（1）用万用表检测法。

由于稳压二极管是在反向击穿状态下工作，所以检测稳压二极管的稳压值应该使被测管子进入反向击穿状态，这就要求检测时必须选用万用表的高阻档（例如 $R \times 10\mathrm{k}\Omega$ 档）。当万用表的欧姆档置于 $R \times 10\mathrm{k}\Omega$ 档位置后，测得被测管子的反向电阻为 R_X，则可用下式计算出其稳定的电压值：$U_Z = E_g \times R_X /\ (R_X + nR_0)$

式中：E_g 是检测用万用表最高欧姆档的电池电压值（例如 500 型万用表最高欧姆档 $R \times 10\mathrm{k}\Omega$ 的 E_g 则为 10.5V），n 是用档次的倍率数，R_0 是万用表中心阻值。

如果实测得 R_X 接近于 ∞，说明被测管的 U_Z 大于 E_g，无法将被测稳压二极管击穿，若 R_X 接近于零，则说明表笔接反了，需将表笔互换再进行检测。

（2）用晶体管图示仪测量。

测试方法类似于二极管反向击穿电压的测量方法。

1.4.3 晶体管及其特性

晶体管是各种电子设备的关键器件，在电路中能起放大、振荡、调制等多种作用，如图 1-12 所示。

图 1-12 晶体管外形

晶体管的参数说明了管子的特性和使用范围，下面是晶体管的几个主要技术参数。

1. 电流放大倍数 β

在共射极放大电路中，若交流输入信号为零，则管子各极间的电压和电流都是直流量，此时的集电极电流 I_C 和基极电流 I_B 的比为 $\bar{\beta}$，称为共射直流电流放大系数。

当共射极放大电路有交流信号输入时，因交流信号的作用，必然会引起 I_B 的变化，相应的也会引起 I_C 的变化，两电流变化量的比称为共射交流电流放大系数 β。

上述两个电流放大系数的含义虽然不同，但工作在输出特性曲线放大区平坦部分的晶体管，两者的差异极小，可做近似相等处理

同一型号晶体管的 β 值差异较大。常用的小功率晶体管，β 值一般为 20 ~ 100。β 过小，管子的电流放大作用小，β 过大，管子工作的稳定性差，一般选用 β 在 40 ~ 80 之间的管子较为合适。

2. 极间反向饱和电流 I_{CBO} 和 I_{CEO}

1）集电结反向饱和电流 I_{CBO} 是指发射极开路，集电结加反向电压时测得的集电极电流。常温下，硅管的 I_{CBO} 在 nA（10^{-9}）的量级，通常可忽略。

2）集电极-发射极反向电流 I_{CEO} 是指基极开路时，集电极与发射极之间的反向电流，即穿透电流，穿透电流的大小受温度的影响较大，穿透电流小的管子热稳定性好。

3. 极限参数

1）集电极最大允许电流 I_{CM}。

晶体管的集电极电流 I_C 在相当大的范围内 β 值基本保持不变，但当 I_C 的数值大到一定

程度时，电流放大系数β值将下降。使β明显减少的I_c即为I_{CM}。为了使晶体管在放大电路中能正常工作，I_c不应超过I_{CM}。

2）集电极最大允许功耗P_{CM}。

晶体管工作时，集电极电流在集电结上将产生热量，产生热量所消耗的功率就是集电极的功耗P_{CM}。功耗与晶体管的结温有关，结温又与环境温度、管子是否有散热器等条件相关。手册上给出的P_{CM}值是在常温下25℃时测得的。

3）反向击穿电压$U_{BR(CEO)}$。

反向击穿电压$U_{BR(CEO)}$是指基极开路时，加在集电极与发射极之间的最大允许电压。使用中如果管子两端的电压$U_{CE} > U_{BR(CEO)}$，集电极电流I_c将急剧增大，这种现象称为击穿。管子击穿将造成晶体管永久性的损坏。一般情况下，晶体管电路的电源电压E_c应小于1/2 $U_{BR(CEO)}$。

4）特征频率f_T。

由于极间电容的影响，频率增加时管子的电流放大倍数下降，f_T是晶体管的β值下降到1时的频率。高频率晶体管的特征频率可达1000MHz。

1.4.4　晶体管的检测方法

1. 检测已知型号和引脚排列的晶体管的性能好坏

（1）测量极间电阻。

将万用表置于$R \times 100\Omega$或$R \times 1k\Omega$档，按照红、黑表笔的6种不同接法进行测试。其中，发射结和集电结的正向电阻值比较低，其他4种接法测得的电阻值都很高。质量良好的中、小功率晶体管，正向电阻一般为几百欧至几千欧，其余的极间电阻值都很高，约为几百千欧至无穷大。但不管是低阻还是高阻，硅材料晶体管的极间电阻要比锗材料晶体管的极间电阻来得比较大。

（2）测量穿透电流I_{CEO}。

通过用万用表电阻直接测量晶体管e-c极之间的电阻方法，可间接估计I_{CEO}的大小，具体方法为：万用表电阻的量程一般选用$R \times 100\Omega$或$R \times 1k\Omega$档，对于PNP管，黑表笔接e极，红表笔接c极，对于NPN型晶体管，黑表笔接c极，红表笔接e极。要求测得的电阻越大越好。e-c间的阻值越大，说明管子的I_{CEO}越小；反之，所测阻值越小，说明被测管的I_{CEO}越大。一般说来，中、小功率硅管、锗材料低频管，其阻值应分别在几百千欧、几十千欧及十几千欧以上，如果阻值很小或测试时万用表指针来回晃动，则表明I_{CEO}很大，管子的性能不稳定。

（3）测量放大能力β。

1）用万用表检测。

目前有些型号的万用表具有测量晶体管h_{FE}的刻度线及其测试插座，可以很方便地测量晶体管的放大倍数。先将万用表功能开关拨至欧姆（Ω）档，量程开关拨到ADJ位置，把红、黑表笔短接，调整调零旋钮。使万用表指针指示为零，然后将量程开关拨到h_{FE}位置，并使两短接的表笔分开，把被测晶体管插入测试插座，即可从h_{FE}刻度线上读出管子的放大倍数。

注意： 万用表上的晶体管插座一般为两个，一个标有NPN字样，供测NPN型管使用，另一个标有PNP字样，供测PNP型管使用，相应的管座旁边还标有e、b、c字样。测试时要根据被测管的管型正确使用管座并注意勿把电极插错。

另外，有些型号的中、小功率晶体管，生产厂家直接在其管壳顶部标示出不同色点来表明管子的放大倍数为 β 值，但要注意，各厂家所用色标并不一定完全相同。

2）用晶体管特性图示仪检测。

测量晶体管的输出特性曲线和电流放大系数是晶体管特性图示仪最基本的用途。现以硅 NPN 晶体管 3DG6 为例，测其在共发射极时的输出特性。此时图示仪测试台上的接地开关应置于"发射极接地"。

晶体管的输出特性曲线是指基极电流 I_B 一定时，I_C 与 U_{CE} 的关系曲线，用数学式表示即为 $I_C = f(U_{CE})\big|_{I_B = 常数}$。改变 I_B 可得到一族输出特性曲线。在输出特性曲线上可进行电流放大系数的测量。

测量前，3DG6 按图 1-13a 所示接线，将光点的零点移至坐标的左下角。查晶体管手册 3DG6 电流放大系数的测试条件是 $U_{CE} = 10V$，$I_C = 3mA$。各旋钮的位置如下：

峰值电压范围	0～20V
集电极扫描极性	正（＋）
X 轴集电极电压	2V/度
Y 轴集电极电流	0.5mA/度
功耗限制电阻	50Ω
阶梯作用	重复
阶梯选择	0.005mA/度
基极阶梯极性	正（＋）
Y 轴倍率	×1
级/秒	200
基极阶梯级/族	4 级

测量时，调节集电极峰值电压旋钮，得到一族输出特性曲线，再调节基极阶梯级/族旋钮和阶梯选择开关，使曲线族调到最好有一根曲线通过测试点 Q 处或 Q 点附近（Q 点的 X 轴坐标为 10V，Y 轴坐标为 3mA）。此时晶体管的输出特性曲线如图 1-13 b 所示。

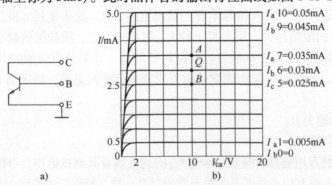

图 1-13　晶体管与测试曲线

a）晶体管在图示仪上的接线图　b）晶体管的输出特性曲线

根据图 1-13b 所示的输出特性曲线，可在测试点 Q 处（即 $U_{CE} = 10V$，$I_C = 3mA$ 处）或附近求出直流放大系数 $\bar{\beta}$（h_{FE}）。晶体管直流放大系数：

$$\bar{\beta} = \frac{I_C}{I_B} = \frac{3}{0.03}\text{mA} = 100$$

根据图 1-13b 所示输出特性曲线，可在测试点 Q 处求出交流电流放大系数。晶体管共射极的交流电流放大系数：

$$\beta（即 h_{FE}） = \frac{\Delta I_C}{\Delta I_B}\bigg|_{U_{CE}=常数} = \frac{3-2.5}{0.03-0.025} = 100$$

晶体管的直流电流放大系数 $\bar{\beta}$ 和交流电流放大系数 β 一般并不相等，由于读测 $\bar{\beta}$ 比 β 容易，在不太严格的情况下，可用 $\bar{\beta}$ 代替 β。

2. 检测判别电极

如果不知道晶体管的型号及管子的引脚排列，可按下述方法进行检测判断。

（1）判定基极。

判别管极时应首先确认基极。将万用表置于 $R\times100\Omega$ 或 $R\times1\text{k}\Omega$ 档，对于 NPN 管，用黑表笔接假定的基极，用红表笔分别接触另外两个极，若测得电阻都小，约为几百欧至几千欧；而将黑、红两表笔对调，测得电阻均较大，在几百千欧以上，此时黑表笔接的就是基极。对于 PNP 管，情况正相反，测量时两个 PN 结都正偏的情况下，红表笔接基极。

实际上，小功率管的基极一般排列在三个引脚的中间，可用上述方法，分别将黑、红表笔接基极，既可测定晶体管的两个 PN 结是否完好（与二极管 PN 结的测量方法一样），又可确认管型。

（2）判定集电极 c 和发射极 e（以 PNP 为例）。

将万用表置于 $R\times100\Omega$ 或 $R\times1\text{k}\Omega$ 档，红表笔接触基极 b，用黑表笔分别接触另外两个引脚时，所测得的两个电阻值会是一个大一些，一个小一些。在阻值小的一次测量中，黑表笔所接引脚为集电极；在阻值较大的一次测量中，黑表笔所接引脚为发射极。

3. 在路电压检测判断法

在实际应用中，小功率晶体管多直接焊接在印制电路板上，由于元器件的安装密度大，拆卸比较麻烦，所以在检测时常常通过用万用表直流电压档去测量被测晶体管各引脚的电压值，来推断其工作是否正常，进而判断其质量的好坏。

1.4.5 任务实施

1. 二极管的测量

用万用表测量 5 个二极管，判明二极管所用半导体材料（锗/硅）及其质量好坏，数据记录于表 1-9。

表 1-9 二极管的测量

次数	型号	材料（锗/硅）	正向导通压降/mV	反向显示	质量好坏
1					
2					
3					
4					
5					

2. 晶体管的测量

用万用表测量 5 个晶体管，判明晶体管质量的好坏、材料（锗/硅）、NPN 还是 PNP，识别其 b、c、e 三个极，并测量其 β 值，将数据记录，如表 1-10 所示。

表 1-10　晶体管的测量

次数	型号	材料（锗/硅）	类型（NPN/PNP）	引脚排列（封装图）	β 值	质量好坏
1						
2						
3						
4						
5						

任务 1.5　常用集成电路的识别与检测

集成电路是 20 世纪 50 年代末发展起来的新型电子器件。前面介绍过电阻、电容、电感、二极管、晶体管等分立元器件。而集成电路是相对于这些分立元器件或分立电路而言的，它集元器件、电路为一体，独立成为更大概念的元器件。

集成电路是利用半导体技术或薄膜技术将半导体器件与阻容元件，以及连线高度集中制成在一块小面积芯片上，再加上封装而成。例如，像晶体管大小的集成电路芯片可以容纳上几百个元器件和连线，并具备了一个完整的电路功能，由此可见它的优越性比晶体管还要大。

集成电路具有体积小、重量轻、性能好、可靠性高、耗电省、成本低、简化设计、减少调整等优点，给无线电爱好者带来了许多便利。

1.5.1　集成电路的型号和分类

1. 集成电路的分类

（1）按传送信号的特点分类：数字、模拟。

（2）按有源器件分类：有源、无源。

（3）按集成度分类：小型、中型、大型、超大型。

（4）按封装形式分类：金属、陶瓷、塑料。

（5）按集成电路的功能分类：逻辑电路、微处理器、存储器、接口电路、光电元器件等。

2. 型号

关于集成电路的型号，我国有关部门作了标准化规定，每个型号由 5 个部分组成，有的采用数字，见表 1-11。集成电路有了型号，就像一个人有了姓名，可以相互区别，也知道它的功能。

表 1-11 集成电路型号的组成

第0部分		第一部分		第二部分	第三部分		第四部分	
用字母表示器件符合国家标准		用字母表示器件的类型		用阿拉伯数字表示器件的系列和品种代号	用字母表示器件的工作温度范围		用字母表示器件的封装	
符号	意义	符号	意义		符号	意义	符号	意义
C	中国制造	T	TTL		C	0～70℃	W	陶瓷扁平
		H	HTL		E	-40～85℃	B	塑料扁平
		E	ECL		R	-55～85℃	F	全封闭扁平
		C	CMOS				D	陶瓷直插
		F	线性放大器				P	塑料直插
			音响、电视电路		M ……	-55～125℃ ……	J	黑陶瓷直插
		W	稳压器				K	金属菱形
		J	接口电路				T	金属圆形

1.5.2 外形结构和引脚排列

集成电路的外形结构有一定的规定，它的电路引出脚的排列次序也有一定的规律，正确认识它们的外形和引脚排序，是装配集成电路的一个基本功。

集成电路的外形结构有单列直插式、双列直插式、扁平封装和金属圆壳封装等，如图 1-14 所示。

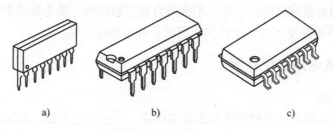

a)   b)   c)

图 1-14　3 种封装形式
a) 单列直插式　b) 双列直插式　c) 扁平封装

集成电路引脚排列序号的一般规律是：集成电路的引脚朝下，以缺口或识别标志为准，引脚序号按逆时针方向排列 1、2、3、4 等，如图 1-15 所示。

1.5.3 集成电路使用注意事项

（1）使用集成电路时，其各项电性能指标应符合规定要求。

（2）在电路设计安装时，应使集成电路远离热源，对输出功率较大的集成电路应采取有效的散热措施。

（3）整机装配时，一般使用 20～30W 的电烙铁，最后对集成电路进行焊接，避免焊接

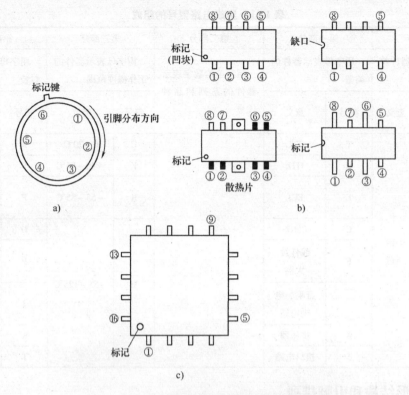

图 1-15　集成电路引脚排列序号

a) 圆形金属封装集成电路的引脚排列　b) 双列扁平陶瓷封装或双列直插式封装集成电路的引脚排列
c) 四边带引脚的扁平封装集成电路的引脚排列

过程中的高温损坏集成电路。

（4）不能带电焊接或插拔集成电路。

（5）正确处理好集成电路的空脚，不能擅自将空脚接地、接电源或悬空。

（6）MOS 集成电路使用时，应特别注意防止静电感应击穿。

1.5.4　常用集成电路芯片介绍

1. 模拟集成电路

模拟集成电路是用来处理模拟信号的集成电路，如运算放大器、电源芯片等，如图 1-16 所示。

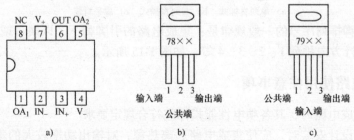

图 1-16　模拟集成电路

a) 单运放 F007（μA741）　b) 三端集成稳压 78 × ×　c) 三端集成稳压 79 × ×

2. 数字集成电路

常用的数字集成电路有各种不同类型的逻辑电路（如 TTL 电路、CMOS 电路、加法器、编/译码器等），存储器电路，微处理器电路等，如图 1-17 所示。

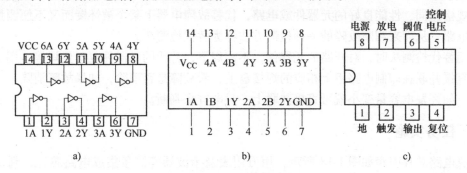

图 1-17　数字集成电路
a) 74LS04 六反相器　b) 74LS02 二输入四或非门　c) 555 时基电路

1.5.5　集成电路的检测方法

1. 电阻检测法

电阻检测法是在不通电的情况下，利用万用表的电阻档来判断电路故障的具体部位。用电阻法判断集成电路的好坏，可用万用表的电阻档，直接测量安装在印制电路板上集成电路引脚对地的阻值，这种测量称为在路电阻测量，其优点是可以不焊开集成电路引脚的焊点。为了确保检测的可靠性，在进行电阻测量前应对各在路滤波电容进行放电，防止大电容储电烧坏万用表。检测元器件的对地电阻，一般采用"正向电阻测试"和"反向电阻测试"两种方式相结合来进行测量。通过检测集成电路各引脚与接地引脚之间的电阻值并与正常值进行比较，便可粗略地判断该集成电路的好坏。

2. 电压检测法

电压检查法是运用万用表的电压档测量电路中关键点的电压或电路中元器件的工作电压，并与正常值进行比较来判断电路故障的一种检测方法。因为电子电路有了故障以后，它最明显的特征是相关的电压会发生变化，因此测量电路中的电压是查找故障时最基本、最常用的一种方法。

电压测量主要用于检测各个电子电路的电源电压、晶体管的各电极电压、集成电路各引脚电压及显示元器件各电极电压等。测得的电压值是反映电子电路实际工作状态的重要数据。

3. 波形检测法

用示波器测试电路中信号的波形，通过测试电路信号的参数来寻找电路故障原因。信号波形参数形象地反映了信号电压随时间变化的轨迹，从中可以读出信号的频率（周期）、不同时段的电压、相位等。在采用示波器检测法的同时，再与信号源配合使用，就可以进行跟踪测量，即按照信号的流程逐级跟踪测量信号，这样就可较迅速地发现故障的所在部位。

查找电路故障中，凡是有交流信号的地方都可以使用示波器观察信号的各项参数。例如频率（周期）、电压电流的幅度、信号的失真、脉冲信号前后沿变化及幅度等，这些参数的变化或异常，是用万用表无法测试的。用波形法检测时，要由前级逐级往后级检测，也可以分单元电路或部分电路检测。要测量电路的关键点波形，关键点一般指电路的输出端、控制端。

4. 替代法

用规格相同、性能良好的元器件或电路，代替故障电器上某个被怀疑而又不便测量的元器件或电路，从而来判断故障的一种检测方法称为替代检测法。

应用替代检测法时，对开路的元器件，不需焊下，替代的元器件也不要焊接，用手拿住元器件直接并联在印制电路板上相应的焊接盘上，看故障是否消除，如果故障消除，说明替代正确。如怀疑电容量变小就可直接并联上一只电容来判断。

1.5.6 任务实施

集成电路芯片引脚如图 1-18 所示，用万用表及示波器等测量集成电路芯片，判别其功能及质量好坏，数据记录如表 1-12 所示。

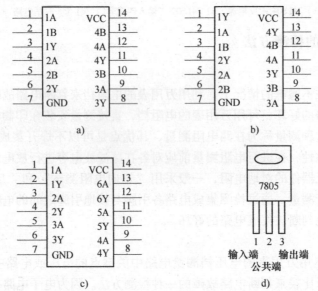

图 1-18 集成电路

a) 74LS00 b) 74LS02 c) 74LS04 d) LM7805

表 1-12 集成电路的测量

次数	型号	输入	输出	功能	质量好坏
1					
2					
3					
4					

项目2　电子元器件的焊接工艺

学习目标:

(1) 了解电子产品装配中焊料、助焊剂、阻焊剂的作用及使用场合。

(2) 熟悉焊接工艺,学会手工焊接要领。

(3) 学会对焊接质量进行分析和评价。

学习内容:

(1) 了解焊接基本原理,认识焊接工具和材料。

(2) 手工焊接电路板的方法。

(3) 拆焊元器件的方法。

(4) 在印制电路板上对元器件进行焊接与拆焊。

(5) 了解现代焊接技术。

引导课文:

焊接是一门传统技能。在电子产品的实验、调试、生产等过程中的每个环节都要涉及与焊接有关的问题;电子产品发生故障时,除元器件原因外,大多数是由于焊接质量不佳造成的;焊接质量的好坏将直接影响到电子产品的质量。锡焊可用于连接可导电的机械且易于拆除,所以常用于电类制造行业。即使采用自动焊接的产品,有些焊接点或者维修也需要手工焊接;目前还没有任何一种焊接方法可以完全取代手工焊接。因此,在培养高素质的电子技术人员,手工焊接是必不可少的训练内容,掌握好焊接操作技能非常必要。

任务2.1　焊接基础知识

2.1.1　焊接基本原理

随着电子元器件的封装更新换代加快,由原来的直插式改为了平贴式,连接排线也由FPC软板进行替代,电子发展已朝向小型化、微型化发展,手工焊接难度也随之增加,在焊接当中稍有不慎就会损伤元器件,或引起焊接不良,所以手工焊接人员必须对焊接原理、焊接过程、焊接方法、焊接质量的评定及电子基础有一定的了解和掌握。

锡焊是一门科学,它的原理是通过加热的烙铁将固态焊锡丝加热熔化,再借助于助焊剂的作用,使其流入被焊金属之间,待冷却后形成牢固可靠的焊接点。

当焊料为锡铅合金焊接面为铜时,焊料先对焊接表面产生润湿,伴随着润湿现象的发生,焊料逐渐向金属铜扩散,在焊料与金属铜的接触面形成附着层,使两者牢固地结合起来。所以焊锡是通过润湿、扩散和冶金结合这3个物理、化学过程来完成的。

1. 润湿

润湿过程是指已经熔化了的焊料借助毛细管力沿着母材金属表面细微的凹凸和结晶的间隙向四周漫流,从而在被焊母材表面形成附着层,使焊料与母材金属的原子相互接近,达到原子引力起作用的距离。引起润湿的环境条件：被焊母材的表面必须是清洁的，不能有氧化物或污染物。

2. 扩散

伴随着润湿的进行，焊料与母材金属原子间的相互扩散现象开始发生。通常原子在晶格点阵中处于热振动状态，一旦温度升高。原子活动加剧，使熔化的焊料与母材中的原子相互越过接触面进入对方的晶格点阵，原子的移动速度与数量决定于加热的温度与时间。

3. 冶金结合

由于焊料与母材相互扩散，在两种金属之间形成了一个中间层——金属化合物，要获得良好的焊点，被焊母材与焊料之间必须形成金属化合物，从而使母材达到牢固的冶金结合状态。

2.1.2 手工焊接工具和材料

1. 手工焊接工具

手工焊接电子元器件时最常用的工具是电烙铁，下面介绍几种常见的电烙铁。

（1）外热式电烙铁。

外热式电烙铁一般由烙铁头、烙铁心、外壳、手柄、插头等部分组成。烙铁头安装在烙铁心内，用以热传导性好的铜为基体的铜合金材料制成。烙铁头的长短可以调整（烙铁头越短，烙铁头的温度就越高），且有凿式、尖锥形、圆面形、圆和半圆沟形等不同的形状，以适应不同焊接面的需要。外热式电烙铁的实物图和示意图如图 2-1 所示。

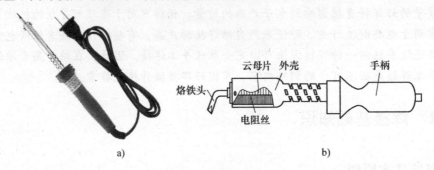

图 2-1　外热式电烙铁
a）实物图　b）示意图

（2）内热式电烙铁。

内热式电烙铁由连接杆、手柄、弹簧夹、烙铁心、烙铁头（也称为铜头）5 部分组成。烙铁心安装在烙铁头的里面（发热快，热效率高达 85% ~ 90%）。烙铁心采用极细的镍铬电阻丝绕在瓷管上制成的，外面再套上耐热绝缘瓷管。一般 20W 电烙铁，其电阻为 2.4 kΩ 左右，35W 电烙铁，其电阻为 1.6 kΩ 左右。一般来说，电烙铁的功率越大，热量越大，烙铁头的温度越高。焊接集成电路、印制电路板、CMOS 电路一般选用 20W 内热式电烙铁。使用的烙铁功率过大，容易烫坏元器件（一般二极管、晶极管结点温度超过 200℃ 时就会烧坏）和使印制导线从基板上脱落；使用的烙铁功率太小，焊锡不能充分熔化，焊剂不能挥发出来，焊点不光滑、不牢固，易产生虚焊。焊接时间过长，也会烧坏元器件，一般每个焊点在 1.5 ~ 4s 内完成。内热式电烙铁的实物图和示意图如图 2-2 所示，内热式电烙铁与外热式电烙铁的结构比较如图 2-3 所示。

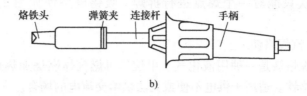

烙铁头　　弹簧夹　连接杆　　　　手柄

a)

b)

图 2-2　内热式电烙铁

a）实物图　b）示意图

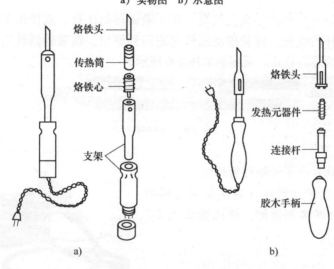

烙铁头
传热筒
烙铁心
支架

烙铁头
发热元器件
连接杆
胶木手柄

a)

b)

图 2-3　内热式电烙铁与外热式电烙铁的结构比较

a）内热式电烙铁　b）外热式电烙铁

（3）其他烙铁。

1）恒温电烙铁。

恒温电烙铁的烙铁头内，装有磁铁式的温度控制器来控制通电时间，实现恒温的目的。在焊接温度不宜过高、焊接时间不宜过长的元器件时，应选用恒温电烙铁，但它价格较高。恒温电烙铁如图 2-4 所示。

图 2-4　恒温电烙铁

2）吸锡电烙铁。

吸锡电烙铁是将活塞式吸锡器与电烙铁融于一体的拆焊工具，它具有使用方便、灵活、适用范围宽等特点。不足之处是每次只能对一个焊点进行拆焊。吸锡电烙铁如图 2-5 所示。

图 2-5 吸锡电烙铁

3）汽焊烙铁。

汽焊烙铁是一种用液化气、甲烷等可燃气体燃烧加热烙铁头的烙铁。适用于供电不便或无法供给交流电的场合。

2. 其他工具

（1）吸锡器。

吸锡器实际上是一个小型手动空气泵，压下吸锡器的压杆，就排出了吸锡器腔内的空气；释放吸锡器压杆的锁钮，弹簧推动压杆迅速回到原位，在吸锡器腔内形成空气的负压力，就能够把熔融的焊料吸走。吸锡器如图 2-6 所示。

图 2-6 吸锡器

（2）热风枪。

热风枪又称为贴片电子元器件拆焊台。它专门用于表面贴片安装电子元器件（特别是多引脚的 SMD 集成电路）的焊接和拆卸。热风枪如图 2-7 所示。

（3）尖嘴钳。

尖嘴钳的主要作用是在连接点上绕导线、元器件引线及对元器件引脚成型。尖嘴钳如图 2-8 所示。

图 2-7 热风枪

（4）偏口钳。

偏口钳又称为斜口钳、剪线钳，主要用于剪切导线，剪掉元器件多余的引线。不要用偏口钳剪切螺钉、较粗的钢丝，以免损坏钳口。偏口钳如图 2-9 所示。

图 2-8 尖嘴钳

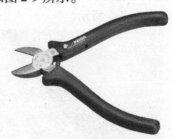

图 2-9 偏口钳

（5）镊子。

镊子的主要用途是摄取微小元器件，在焊接时夹持被焊件以防止其移动和帮助散热。

（6）旋具。

旋具分为十字旋具、一字旋具。主要用于拧动螺钉及调整可调元器件的可调部分。

（7）小刀。

小刀主要用来刮去导线和元器件引线上的绝缘物和氧化物，使之易于上锡。

3. 焊接材料（焊料和焊剂）

（1）焊料。

能熔合两种或两种以上的金属，使之成为一个整体的易熔金属或合金都叫焊料。常用的锡铅焊料中，锡占 62.7%，铅占 37.3%。这种配比的焊锡熔点和凝固点都是 183℃，可以由液态直接冷却为固态，不经过半液态，焊点可迅速凝固，缩短焊接时间，减少虚焊，该点温度称为共晶点，该成分配比的焊锡称为共晶焊锡。共晶焊锡具有低熔点，熔点与凝固点一致，流动性好，表面张力小，润湿性好，机械强度高，焊点能承受较大的拉力和剪力，导电性能好的特点。

在手工焊接时，常采用中心夹有特级松香及少量活化剂的助焊剂、含锡量为 61% 的锡铅焊锡丝，也称为松香焊锡丝，如图 2-10 所示。焊锡丝的直径有 0.5、0.8、0.9、1.0、1.2、1.5、2.0、2.5、3.0、4.0、5.0mm 等多种规格，也有制成多种规格扁带状的。

（2）助焊剂。

助焊剂是一种焊接辅助材料，其作用如下：

1）去除氧化膜。

2）防止氧化。

3）减小表面张力。

图 2-10　焊锡丝

4）使焊点美观。

常用的助焊剂有松香、松香酒精助焊剂、焊膏、氯化锌助焊剂、氯化铵助焊剂等。

2.1.3　任务实施

1. 工具箱的准备

电子专业学生要做电子装配与调试的工作，最好拥有一个工具箱，里面配备一套较齐全的常用工具。如：20～35W 的电烙铁一把，锉刀一把，松香一盒，焊锡若干，吸锡器一把，一字形和十字形螺钉旋具（小的、大的）各一把或者一套多功能螺钉旋具，镊子一把，斜口钳一把，剥线钳一把，尖嘴钳一把，指针式或数字式万用表一台（也可以自己装配的），小刀一把等，有条件可以多配备些。

2. 练习

（1）认识一下所配备的工具及其使用方法。

（2）用小螺钉旋具将电烙铁拆散，认识每个部件并进行检查，是否有坏的部件，及时更换，然后，将电烙铁组装复原。

（3）用万用表测电烙铁电源线插头的电阻值，检查复原后的电烙铁是否能正常工作。

（4）用锉刀锉掉烙铁头的氧化层，并锉成所需的形状（圆斜面式）。

（5）烙铁头上锡处理：给电烙铁通电加热到一定的温度时，烙铁头蘸上少许松香，然后，放在焊锡中进行镀锡处理，直到烙铁头的刃面挂上一层薄锡为止。

任务2.2 手工焊接操作与拆焊

2.2.1 手工焊接的基本操作

焊接前，应对元器件的引脚或电路板的焊接部位进行焊接前处理，如图2-11所示。

1. 清除焊接部位的氧化层

可用断锯条制成小刀，刮去金属引线表面的氧化层，使引脚露出金属光泽。印制电路板可用细纱纸将铜箔打光后，涂上一层松香酒精溶液。

2. 被焊件镀锡处理

刮净的引线要立即镀锡。可将引线蘸一下松香酒精溶液后，将带锡的热烙铁头压在引线上，并转动引线，即可使引线均匀地镀上一层很薄的锡层。导线焊接前，应将绝缘外皮剥去，再经过上面两项处理，才能正式焊接。若是多股金属丝的导线，打光后应先拧在一起，然后再镀锡。

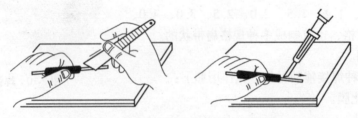

图2-11 焊接前处理

2.2.2 手工焊接的流程和方法

1. 手工焊接的条件

(1) 焊件必须具有良好的焊接性。

所谓焊接性是指在适当温度下，被焊金属材料与焊锡能形成良好结合的合金性能。不是所有的金属都具有好的焊接性，有些金属如铬、钼、钨等的焊接性就非常差；有些金属的焊接性又比较好，如紫铜、黄铜等。在焊接时，由于高温使金属表面产生氧化膜，影响材料的焊接性。为了提高焊接性，可以采用表面镀锡、镀银等措施来防止材料表面的氧化。

(2) 焊件表面必须保持清洁。

为了使焊锡和焊件达到良好的结合，焊接表面一定要保持清洁。即使是焊接性良好的焊件，由于贮存、运输、流通等过程被污染，都可能在焊件表面产生对浸润有害的氧化膜和油污。在焊接前务必把污膜清除干净，否则无法保证焊接质量。金属表面轻度的氧化层可以通过焊剂作用来清除，氧化程度严重的金属表面，则应采用机械或化学方法清除，例如进行刮除或酸洗等。

(3) 要使用合适的助焊剂。

助焊剂的作用是清除焊件表面的氧化膜。不同的焊接工艺，应该选择不同的助焊剂，如镍铬合金、不锈钢、铝等材料，没有专用的特殊助焊剂是很难实施锡焊的。在焊接精密电子产品的印制电路板时，为使焊接可靠、稳定，通常采用以松香为主的助焊剂。一般是用酒精将松香溶解成松香水使用。

（4）焊件要加热到适当的温度。

焊接时，热能的作用是熔化焊锡和加热焊接对象，使锡、铅原子获得足够的能量渗透到被焊金属表面的晶格中而形成合金。焊接温度过低，对焊料原子渗透不利，无法形成合金，极易形成虚焊；焊接温度过高，会使焊料处于非共晶状态，加速焊剂分解和挥发速度，使焊料品质下降，严重时还会导致印制电路板上的焊盘脱落。

需要强调的是，不仅焊锡要加热到熔化，而且应该同时将焊件加热到能够熔化焊锡的温度。

（5）合适的焊接时间。

焊接时间是指在焊接全过程中，进行物理和化学变化所需要的时间。它包括被焊金属达到焊接温度的时间、焊锡的熔化时间、助焊剂发挥作用及生成金属合金的时间等几个部分。当焊接温度确定后，就应根据被焊件的形状、性质、特点等来确定合适的焊接时间。若焊接时间过长，易损坏元器件或焊接部位；若焊接时间过短，则达不到焊接要求。一般每个焊点焊接一次的时间最长不超过5s。

2. 手工焊接的方法

（1）电烙铁与焊锡丝的握法。

焊接操作者拿电烙铁的方法有3种。

1）反握法，如图2-12a所示。反握法对被焊件的压力较大，适合于较大功率的电烙铁对大焊点的焊接操作。

2）正握法，如图2-12b所示。正握法适用于中功率的电烙铁以及带弯头的电烙铁操作，或直烙头在大型机架上的焊接。

3）笔握法，如图2-12c所示。笔握法适合用于小功率的电烙铁焊接印制电路板上的元器件。

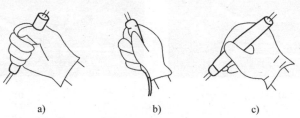

a)   b)   c)

图2-12　电烙铁的握法

a）反握法　b）正握法　c）笔握法

焊锡丝一般有两种拿法，如图2-13所示。由于焊丝成分中，铅占一定比例，众所周知铅是对人体有害的重金属，因此操作时应戴手套或操作后洗手，避免食入。

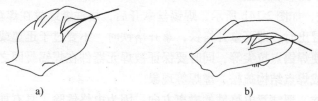

a)   b)

图2-13　焊锡丝的拿法

a）连续焊接时拿法　b）断续焊接时拿法

（2）手工焊接的步骤。

1）加热焊件，如图2-14a所示，恒温烙铁温度一般控制在280～360℃，焊接时间控制在4s以内。部分元器件的特殊焊接要求如表2-1所示。

表2-1 部分元器件的特殊焊接要求

项目 元器件	SMD元器件	DIP元器件
焊接时烙铁头温度	(320±10)℃	(330±5)℃
焊接时间	每个焊点1～3s	2～3s
拆焊时烙铁头温度	310～350℃	(330±5)℃
备注	根据CHIP件尺寸不同请使用不同的烙铁嘴	当焊接大功率（TO-220、TO-247、TO-264等封装）或焊点与大铜箔相连，上述温度无法焊接时，烙铁温度可升高至360℃，当焊接敏感怕热元器件（LED、CCD、传感器等）时，温度控制在260～300℃

焊接时烙铁头与电路板成45°，电烙铁头顶住焊盘和元器件引脚，然后给元器件引脚和焊盘均匀预热。

2）移入焊锡丝，如图2-14b所示，焊锡丝从元器件脚和烙铁接触面处引入，焊锡丝应靠在元器件脚与烙铁头之间。

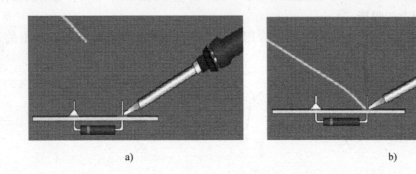

a)   b)

图2-14 加热焊件与移入焊锡
a）加热焊件 b）移入焊锡

3）移开焊锡，如图2-15a所示，当焊锡丝熔化（要掌握进锡速度）焊锡散满整个焊盘时，即可以45°方向拿开焊锡丝。

4）移开电烙铁，如图2-14b所示，焊锡丝拿开后，烙铁继续放在焊盘上持续1～2s，当焊锡只有轻微烟雾冒出时，即可拿开烙铁，拿开烙铁时，不要过于迅速或用力往上挑，以免溅落锡珠、锡点或使焊锡点拉尖等，同时要保证被焊元器件在焊锡凝固之前不要移动或受到震动，否则极易造成焊点结构疏松、虚焊等现象。

焊接结束的时候，要注意电烙铁的撤离方向，因为电烙铁除了具有加热的作用外，还能够控制焊料的留存量。电烙铁以45°的方向撤离，焊点圆滑，带走少量焊料。电烙铁垂直方向撤离，焊点容易拉尖。电烙铁以水平方向撤离，带走大量焊料。

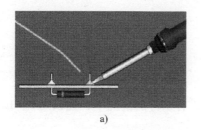
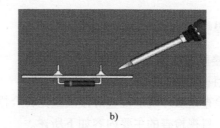

图 2-15 移开焊锡与电烙铁

a）移开焊锡 b）移开电烙铁

2.2.3 导线和接线端子的焊接

1. 常用连接导线

手工焊接中，常用连接导线有如下几种：

（1）单股导线。

（2）多股导线。

（3）屏蔽线。

2. 导线焊前处理

（1）剥绝缘层。

导线焊接前要除去末端绝缘层。可用普通工具或专用工具剥除绝缘层。

用剥线钳或普通偏口钳剥线时要注意对单股线不应伤及导线，多股线及屏蔽线不断线，否则将影响接头质量。对多股线剥除绝缘层时注意将线芯拧成螺旋状，一般采用边拽边拧的方式。

（2）预焊。

预焊是导线焊接的关键步骤。导线的预焊又称为挂锡，但注意导线挂锡时要边上锡边旋转，旋转方向与拧合方向一致，多股导线挂锡要注意"烛心效应"，即焊锡浸入绝缘层内，造成软线变硬，容易导致接头故障。

（3）实施焊接。

1）绕焊。绕焊把经过上锡的导线端头在接线端子上缠一圈，用钳子拉紧缠牢后进行焊接，绝缘层不要接触端子，导线以留 1~3mm 为宜，如图 2-16a 所示。

2）钩焊。钩焊是将导线端子弯成钩形，钩在接线端子上并用钳子夹紧后施焊，如图 2-16b 所示。

3）搭焊。搭焊把经过镀锡的导线搭到接线端子上施焊，如图 2-16c 所示。

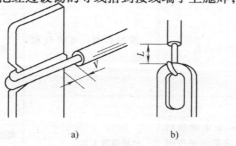

图 2-16 焊接方法

a）绕焊 b）钩焊 c）搭焊

2.2.4 焊接质量的检查与分析

1. 焊接质量检查

（1）目视检查。

目视检查是从外观上检查焊接质量是否合格，有条件的情况下，建议用3～10倍放大镜进行目检，目视检查的主要内容如下所述。

1）是否有错焊、漏焊、虚焊。

2）有没有连焊（桥接）。

3）焊点是否有拉尖现象。

4）焊盘有没有脱落、焊点有没有裂纹。

5）焊点外形润湿应良好，焊点表面是不是光亮、圆润。

6）焊点周围是否有残留的焊剂。

7）焊接部位有无热损伤和机械损伤现象。

（2）手触检查。

在外观检查中发现有可疑现象时，需要采用手触检查。主要是用手指触摸元器件有无松动、焊接不牢的现象，用镊子轻轻拨动焊接部或夹住元器件引线，轻轻拉动观察有无松动现象。

（3）在路检测即通电检测。

将电源接上，通过万用表、示波器等仪器检测电子元器件各引脚在路（元器件在电路中）直流电阻、对地交直流电压以及总工作电流、输入输出波形的检测方法。这种方法克服了代换试验法需要有可代换元器件的局限性和拆卸元器件的麻烦，是检测元器件最常用和实用的方法。

2. 常见焊点缺陷分析（见表2-2）

表2-2　常见焊点缺陷分析

焊点缺陷	外观特点	危害	原因分析
虚焊	焊锡与元器件引脚和铜箔之间有明显黑色界限，焊锡向界限凹陷	设备时好时坏，工作不稳定	1. 元器件引脚未清洁好、未镀好锡或锡氧化 2. 印制电路板未清洁好，喷涂的助焊剂质量不好
焊料过多	焊点表面向外凸出	浪费焊料，可能包藏缺陷	焊丝撤离过迟
焊料过少	焊点面积小于焊盘的80%，焊料未形成平滑的过渡面	机械强度不足	1. 焊锡流动性差或焊锡撤离过早 2. 助焊剂不足 3. 焊接时间太短

焊点缺陷	外观特点	危害	原因分析
过热	焊点发白，表面较粗糙，无金属光泽	焊盘强度降低，容易剥落	烙铁功率过大，加热时间过长
冷焊	表面呈豆腐渣状颗粒，可能有裂纹	强度低，导电性能不好	焊料未凝固前焊件抖动
拉尖	焊点出现尖端	外观不佳，容易造成桥连短路	1. 助焊剂过少而加热时间过长 2. 烙铁撤离角度不当
桥连	相邻导线连接	电气短路	1. 焊锡过多 2. 烙铁撤离角度不当
铜箔翘起	铜箔从印制电路板上剥离	印制 PCB 已被损坏	焊接时间太长，温度过高

2.2.5 任务实施

手工焊接实训如下所述。

1. 电烙铁的使用

（1）新烙铁头的处理。

新烙铁使用前要先"上锡"，具体操作方法：用细砂纸将烙铁头打光亮，通电加热，趁热用锉刀将烙铁头上的氧化层锉掉，蘸上松香后用烙铁头刃面接触焊锡丝，使烙铁头上均匀地镀上一层锡。这样做可以便于焊接和防止烙铁头表面氧化。旧的烙铁头如严重氧化而发黑，可用锉刀锉去表层氧化层和污物，使其露出金属光泽后，重新镀锡，才能使用。

（2）电烙铁的温度。

1）烙铁使用时保持在 300 ~ 350℃。

2）烙铁超过 5min 不用时保持在 50℃以下。

3）超过 1h 不用时应关闭烙铁电源。

（3）电烙铁的保养。

1）应经常在海绵上擦拭烙铁头，不能随便拆卸和换烙铁头，不用时应加锡保护。

2）烙铁使用前先加一点锡或者在湿润的海绵上擦拭，保持烙铁头使用部分具有金属光泽。

2. 焊接前的准备

（1）焊接前3～5min接通电源，使烙铁温度升至适合焊接温度。

（2）擦拭海绵上应注入适量清水，用手紧握海绵不能挤出水为宜。

（3）整理桌面，使桌面干净整洁，不能有与本次焊接无关的元器件。

（4）清点元器件，与焊接清单上的型号数量相符。

3. 焊接方法

（1）焊接者按接插原则：从小到大，先轻后重，先里后外，先低后高，尽可能使印制电路板上所焊元器件保持同一高度。

（2）将烙铁头放在待焊的焊盘和被焊件接触地方，使焊盘和被焊件温度升高（有利于焊接），如果烙铁头上有锡，则会使烙铁温度很快传到焊盘上。

（3）焊锡丝应从烙铁侧面加到焊盘上面，焊接作业时应掌握好温度、时间。温度过低，则焊点无光泽，呈"豆腐渣"状；温度过高，则焊锡流淌，焊点不易存锡。

（4）焊接过程中，被焊物必须扶稳不动，若有晃动，则会影响焊点凝固成型；使用焊锡多少根据焊点大小决定，直到焊锡能充分淹没焊盘为宜。

（5）焊锡丝融化2～4s内停止加锡，先移开焊锡丝，再移开电烙铁。

4. 焊好后印制电路板的标准

（1）特殊元器件的焊接标准。

1）功率电阻。

电阻高度应与印制电路板保持2～4mm距离，电阻体要与其两引脚对称，不能出现歪斜情况。

2）压敏电阻。

与印制电路板保持水平或者垂直，高度在25mm左右。

3）排针和电源模块。

与印制电路板压平，不能出现倾斜等现象。

4）晶极管。

所有直插晶极管高度一致，并且在一个水平面上，焊接高度在10mm左右；贴片晶极管的引脚应在焊盘中心位置且贴平贴正，焊点结实饱满。

5）电阻、电容及晶振。

为了便于查看读取数值、分辨极性，应注意合理安排元器件方向。比如色环电阻必须按读取顺序从左至右、从上至下统一安装焊接；无极性电容器焊接方向必须一致，使标记易于辨认。所有贴片型元器件与焊盘必须结合平实整齐，杜绝斜置、上翘现象发生。

6）排线。

排线压接时排线以露出排针2mm为准，压接处应紧密严实，排针锁扣应安装到位。16T排线长28cm，41T排线长16cm。

（2）成品外观标准。

1）元器件正面引脚保留在2～4mm。

2）镀锡层保持饱满均匀、平滑，不能镀得过薄或镀锡呈阶梯状。

3）所有元器件排列整齐匀称，所有元器件引脚的剪截以高于焊点 1mm 为准。

4）所有元器件外观应完好清洁，所有焊点应光洁发亮，呈锥形，立体感强。

5. 刷胶工作

（1）用洗板水洗去板子上边焊接污垢和锡渣。

（2）用刷子刷胶，刷胶主要刷到贴片元器件等细小元器件地方和线路密集地方。

（3）严禁胶沾到接插件上面和堵塞接插件。

6. 电缆线的焊接

（1）插头和电缆线先镀上锡。

（2）先融化插头里边锡，然后把电缆线送入插头焊好，待彻底焊好后先移去烙铁，过 3 ~ 5s 后松开，用手用力拔电缆线，电缆线不能脱落。

（3）拧好螺纹，上好固定螺钉。

（4）制作接地线压线时以线芯露出线鼻 1 ~ 2mm 为宜，镀锡必须使线芯与线鼻连接处充分熔合，并均匀光亮。

7. 检验工作

（1）自检工作。

焊好印制电路板应进行自检，检查焊接完成的电路板和焊接清单是否对应，是否符合元器件焊接标准。检查成品是否达到工艺要求。

（2）目测检验。

目测检验是检验员按照焊接清单和印制电路板焊接标准进行检验。

1）对照元器件清单和电路图，重点检查有无错件、漏件、极性反向。

错件：放置零件的规格或种类与作业指导书元器件清单不符，即为错件。

漏件：应放置零件的位置，因不正常的原因而产生空缺。

极性反向：极性方位正确性与加工要求不一致，即为极性错误。

2）从不同的角度观察焊接情况，按照焊接标准重点检查有无虚焊、短路。

8. 锡点质量的评定

（1）标准的锡点。

1）锡点成内弧形。

2）锡点要圆满、光滑、无针孔、无松香渍。

3）要有线脚，而且线脚的长度要在 1 ~ 1.2mm 之间。

4）零件脚外形可见锡的流散性好。

5）焊锡将整个上锡位及零件引脚渗透覆盖。

（2）不合格锡点的判定。

1）虚焊：看似焊牢其实没有焊牢，主要原因是焊盘和引脚有脏污或者助焊剂和加热时间不够。

2）短路：元器件引脚之间被多余的焊锡所连接短路（桥接）或者残余锡渣使脚与脚短路，另一种现象则因检验人员使用镊子、竹签等操作不当而导致脚与脚碰触短路。

3）偏位：由于器件在焊前定位不准，或在焊接时造成失误导致引脚不在规定的焊盘区域内。

4）少锡：焊点用锡太少、太薄，不能将焊盘的铜箔充分覆盖，影响连接固定作用。

5）多锡：焊点用锡太多，看似零件引脚完全被焊锡包围，形成外弧形，其实有可能造成零件与焊盘是虚焊。

6）锡球、锡渣：PCB 表面附着多余的焊锡球、锡渣，会导致细小引脚短路。

（3）不良焊点可能产生的原因。

1）为什么易形成锡球，锡不能润湿整个焊盘？

可能电烙铁温度过低、烙铁头太小或焊盘已被氧化等。

2）为什么移开电烙铁时易形成锡尖？

可能烙铁头温度不够，助焊剂没熔化，不起作用；或者烙铁头温度过高，助焊剂挥发掉，焊接时间太长。

3）为什么锡点表面不光滑，起皱？

可能烙铁头温度过高，焊接时间过长。

4）为什么松香散布面积大？

可能烙铁头拿得太平。

5）为什么产生锡珠？

可能锡线直接从烙铁头上加入、加锡过多、烙铁头氧化、敲打烙铁。

6）为什么 PCB 上铜箔出现起翘、离层、脱落？

可能电烙铁温度过高，烙铁头在线路板上停留时间过长。

7）为什么电路板上出现黑色松香？

可能电烙铁温度过高。

任务 2.3 拆焊

将已焊好的焊点进行拆除的过程称为拆焊。在电子产品的调试、维修、装配中，常常需要更换一些元器件，即要进行拆焊。拆焊是焊接的逆向过程，由于拆焊方法不当，往往会造成元器件的损坏，如：印制导线的断裂和焊盘的脱落，尤其是更换多引脚的集成电路时，拆焊就更有一定的难度，需要一定的拆焊技巧。

2.3.1 拆焊方法

元器件的拆焊方法常用的有以下几种。

1. 选用合适的医用空心针头拆焊

将医用空心针头（如图 2-17 所示）用锉刀把针尖锉平，作为拆焊工具。具体的实施过程：一边用电烙铁熔化焊点，一边把针头套在被焊的元器件引脚焊点上，直至焊点熔化时，将针头迅速插入印制电路板的焊盘插孔内，使元器件的引脚与印制电路板的焊盘脱开。

2. 用吸锡带（铜编织线）进行拆焊

把在熔化的松香中浸过的铜编织线放在要拆的焊点上，然后将电烙铁头放在铜编织线的上方，待焊点上的焊锡熔化后即可把铜编织线提起，重复几次即可把焊锡吸完，如图 2-18 所示。

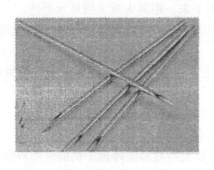

图2-17 医用空心针头

图2-18 铜编织线拆焊法

3. 用吸锡器进行拆焊

用吸锡器进行拆焊如图2-19所示，使用时只要把吸锡器的吸嘴对准焊点，用电烙铁将焊点熔化，吸锡器就可吸取熔化的焊锡。掌握此方法要领是吸锡器与电烙铁配合使用，动作要谐调。

4. 用吸锡电烙铁拆焊

吸锡电烙铁（如图2-20所示）在构造上的主要特点是把加热器和吸锡器装在一起，利用它可以很方便地将要更换的元器件从电路板上取下来，而不会损坏元器件和电路板。对于更换集成电路等多引脚的元器件，优点更为突出。吸锡电烙铁又可做一般电烙铁使用，所以它是一件非常实用的焊接工具。吸锡式电烙铁的使用方法：接通电源，预热5~7min后向内推动活塞柄到头卡住，将吸锡烙铁前端的吸头对准欲取下的元器件的焊点，待锡纤料熔化后，用小拇指按一下控制按钮，活塞后退，锡纤料便吸进储锡盒内。每推动一次活塞（推到头），可吸锡一次。如果一次没有把锡料吸干净，可重复进行，直到干净为止。

图2-19 吸锡器的使用

图2-20 吸锡电烙铁

5. 用热风枪拆焊

热风枪是一种贴片元器件和贴片集成电路的拆焊、焊接专用工具。其特点是采用非接触印制电路板的拆焊方式，使印制电路板免受损伤，热风枪的温度及风量可调节，不易损坏元器件。在使用时应注意以下事项：

（1）温度旋钮和风量旋钮的选择要根据不同元器件的特点而定，以免温度过高损坏元器件或风量过大吹丢小的元器件。

（2）用热风枪吹焊SOP（小外形封装）、QFP（方形扁平式封装）和BGA（球栅阵列封装）的片状元器件时，初学者最好先在需要吹焊的集成电路四周贴上条形纸带，这样可以避免损坏其周围元器件。

（3）注意吹焊的距离适中，距离太远元器件吹不下来，距离太近又损坏元器件。

（4）风嘴不能集中于一点吹，应按顺时针或逆时针的方向均匀转动手柄，以免吹鼓、吹裂元器件。

（5）不能用热风枪吹接插件的塑料部分，热风枪的喷嘴不可对准人和设备，以免烫伤人或烫坏设备。

（6）不能用风枪吹灌胶的集成电路，应先除胶，以免损坏集成电路或板线。

（7）吹焊组件要熟练准确，以免多次吹焊损坏组件。

（8）吹焊完毕时，要及时关小热风枪温度旋钮，以免持续高温降低手柄的使用寿命。

6. 采用气囊吸锡器进行拆焊

将被拆的焊点加热，使焊料熔化，然后把吸锡器挤瘪，将吸嘴对准熔化的焊料，并同时放松吸锡器，此时焊料就被吸进吸锡器内。如一次没吸干净，可重复进行两三次，照此方法逐个吸掉被拆焊点上的焊料即可。

2.3.2 拆焊时的注意事项

1. 严格控制加热的温度和时间

用烙铁头加热被拆焊点时，当焊料一熔化，应及时沿印制电路板垂直方向拔出元器件的引脚，但要注意不要强拉或扭转元器件，以避免损伤印制电路板的印制导线、焊盘及元器件本身。

2. 拆焊时不要用力过猛

在高温状态下，元器件封装的强度会下降，尤其是塑封器件，拆焊时不要强行用力拉动、摇动、扭转，这样会造成元器件和焊盘的损坏。

3. 吸去拆焊点上的焊料

拆焊前，用吸锡工具吸去焊料，有时可以直接将元器件拔下。即使还有少量锡连接，也可以减少拆焊的时间，减少元器件和印制电路板损坏的可能性。在没有吸锡工具的情况下，则可以将印制电路板或能移动的部件倒过来，用电烙铁加热拆焊点，利用重力原理，让焊锡自动流向电烙铁，也能达到部分去锡的目的。

4. 清洁

当拆焊完毕，必须把焊盘插线孔内的焊料清除干净，否则就有可能在重新插装元器件时，将焊盘顶起损坏（因为有时孔内焊锡与焊盘是相连的）。

2.3.3 拆焊后重新焊接时应注意的问题

拆焊后一般都要重新焊上元器件或导线，操作时应注意以下几个问题：

（1）重新焊接的元器件引线和导线的剪截长度、离底板或印制电路板的高度、弯折形状和方向，都应尽量保持与原来的一致，使电路的分布参数不致发生大的变化，以免使电路的性能受到影响，特别对于高频电子产品更要重视这一点。

（2）印制电路板拆焊后，如果焊盘孔被堵塞，应先用锥子或镊子尖端在加热下，从铜箔面将孔穿通，再插进元器件引线或导线进行重焊。特别是单面板，不能用元器件引线从印制电路板面穿孔，这样很容易使焊盘铜箔与基板分离，甚至使铜箔断裂。

（3）拆焊点重新焊好元器件或导线后，应将因拆焊需要而弯折、移动过的元器件恢复原状。一个熟练的维修人员拆焊过的维修点一般是不容易看出来的。

2.3.4　任务实施

拆焊实训如下所述。

1. 实习目的

通过本课题的实习，使学生掌握印制电路板上各种元器件的安全拆装方法。

2. 实习器材

(1) 电烙铁一把，烙铁架一个。

(2) 6～18 号空心针头各一支。

(3) 镊子一把。

(4) 吸锡电烙铁一把。

(5) 焊接实训中已焊元器件的印制电路板一块。

3. 实习内容及步骤

(1) 用分点拆焊接法拆焊电阻、电容等元器件。

(2) 用集中拆焊法拆焊晶体管等元器件。

(3) 用排锡空针拆焊集成电路等多脚元器件。

(4) 用吸锡电烙铁拆焊集成电路等多脚元器件。

4. 实习报告

(1) 根据实训，谈谈安全拆焊印制电路板上元器件的体会。

(2) 比较运用排锡空针和吸锡烙铁拆焊多脚元器件的优缺点。

(3) 如何合理选择排锡空针号数，进行安全拆焊。

任务 2.4　现代焊接技术

电子产品在业余的制作和试制样机或小批量生产时可以采用手工焊接，而对于大批量生产，这种方法已不能适应，工厂里一般采用浸焊、波峰焊、再流焊，自动完成焊接工序，提高生产效率。

2.4.1　浸焊

浸焊是指将插装好元器件的电路板浸入装有已熔化焊锡的锡锅内，一次完成印制电路板上所有焊点的自动焊接过程。这种方法有人工浸焊和机器浸焊两种。人工浸焊设备由锡锅、加热器和夹具等组成。机器浸焊目前使用较多的有普通浸焊机和超声波浸焊机，普通浸焊机主要由锡锅、振动头、传动装置和加热电炉及温度调整等组成，由于带有传动装置，使得电路板能匀速通过锡锅，锡锅内的焊锡又不停地滚动，增强了浸锡效果，这样既实现了自动焊接，又保证了焊接质量。超声波浸焊机由超声波发生器、换能器、散热器、焊料槽和加温控制装置等组成，对于浸锡比较困难的元器件，是通过向锡锅辐射超声波来增强浸锡效果的。

1. 浸焊的特点

生产效率较高，操作简单，适应批量生产，可消除漏焊现象。但焊接质量不高，需要补焊修正；焊槽温度掌握不当时，会导致印制电路板起翘、变形，元器件损坏。

2. 浸焊工艺流程

插装元器件、喷涂焊剂、浸焊、冷却剪脚、检查修补。

2.4.2 波峰焊

图 2-21 波峰焊机

如图 2-21 所示的是一台波峰焊机的外形。波峰焊适用于进行大批量电子产品生产的工厂使用，波峰焊机利用焊料处于沸腾状态时的波峰接触到被焊件，形成浸润焊点，完成焊接过程。波峰焊机分为单波峰焊机和双波峰焊机，目前使用较多的是全自动双波峰焊机，它对被焊件进行两次不同的焊接，第一次为预焊，第二次为主焊，焊接过程为涂覆助焊剂、预热、预焊接、主焊接、焊接后清洗和冷却，整个过程的操作实现全自动。

1. 波峰焊的特点

避免虚焊，提高了焊点质量；生产效率高，最适应单面印制电路板大批量的焊接；焊接的温度、时间、焊料及焊剂的用量等均能得到较完善的控制，但容易造成焊点桥接的现象，需要补焊修正。

2. 波峰焊接机的组成

波峰发生器、印制电路板夹送系统、焊剂喷涂系统、印制电路板预热和电气控制系统、锡缸以及冷却系统等。

3. 波峰焊接的工艺流程

波峰焊接的电路板是插装元器件的印制电路板，其焊接的工艺流程如下所述。

（1）焊前准备：包括元器件引脚搪锡、成型，印制电路板的准备及清洁等。

元器件插装：根据电路要求，将已成型的有关元器件插装在印制电路板上。一般采用半自动或全自动插装结合手工插装的流水作业方式。

（2）喷涂焊剂：将已装插好元器件的印制电路板，通过能控制速度的运输带进入喷涂焊剂装置，把焊剂均匀地喷涂在印制电路板及元器件引脚上。

（3）预热：对已喷涂焊剂的印制电路板进行加热，去除印制板上的水分，激活焊剂，减小焊接时给印制电路板带来的热冲击，提高焊接质量。一般预热温度为 70～90℃，预热时间为 40s。

（4）波峰焊接：将印制电路板由传送装置送入焊料槽，波峰焊接装置中的机械泵根据焊接要求，源源不断地泵出熔融焊锡，形成一股平稳的焊料波峰与印制电路板接触，完成焊接过程。

（5）冷却：焊接后板面温度仍然很高，焊点处于半凝固状态，轻微的震动都会影响焊点质量；另外长时间的高温也会损坏元器件和印制电路板。一般用风扇进行冷却。

（6）清洗：冷却后，对印制电路板面残留的焊剂、废渣和污物进行清洗。

4. 波峰焊机焊接的缺陷分析

（1）焊后 PCB 面脏，残留物多，可能原因如下所述。

1）助焊剂固含量高，不挥发物太多，或者助焊剂涂布太多。

2）焊接前未预热或预热温度过低（浸焊时，时间太短）。

3）走板速度太快，助焊剂未能充分挥发。

4）锡炉温度不够。

5）锡炉中杂质太多或锡的度数低。

6）加了防氧化剂或防氧化油造成的。

（2）PCB 面烧焦，可能原因如下所述。

1）助焊剂燃点太低未加阻燃剂。

2）风刀的角度不对，使助焊剂在 PCB 上涂布不均匀或者量太多，预热时滴到加热管上。

3）PCB 上胶条太多，把胶条引燃了。

4）走板速度太快（助焊剂未完全挥发，助焊剂滴下）或太慢（造成板面过热）。

5）预热温度太高。

6）PCB 板材不好，发热管与 PCB 距离太近。

（3）腐蚀（元器件发绿，焊点发黑），可能原因如下所述。

1）铜与助焊剂起化学反应，形成绿色的铜的化合物。

2）铅锡与助焊剂起化学反应，形成黑色的铅锡的化合物。

3）预热不充分（预热温度低，走板速度快）造成助焊剂残留多。

4）残留物发生吸水现象。

5）用了需要清洗的助焊剂，焊完后未清洗或未及时清洗。

6）助焊剂活性太强，电子元器件与助焊剂中活性物质反应。

（4）连电，漏电（绝缘性不好），可能原因如下所述。

1）助焊剂在板上成离子残留，或助焊剂残留吸水，吸水导电。

2）PCB 设计不合理，布线太近等。

3）PCB 阻焊膜质量不好，容易导电。

（5）漏焊、虚焊、连焊（短路），可能原因如下所述。

1）助焊剂活性、润湿性不够。

2）助焊剂涂布的量太少且不均匀，或者有些区域没涂上助焊剂，造成有些焊点沾锡量太少。

3）部分焊盘或焊脚氧化严重。

4）PCB 布线不合理（元零件分布不合理）。

5）走板方向不对，波峰不平。

6）锡含量不够或铜超标，杂质超标造成锡液熔点（液相线）升高。

（6）焊点太亮或焊点不亮，可能原因如下所述。

助焊剂选型问题，可通过改变其中添加剂，助焊剂微腐蚀，锡不好（如：锡含量太低等）。

（7）烟味大，可能原因如下所述。

1）助焊剂本身的问题。

2）排风系统不完善。

（8）上锡不好，焊点不饱满，可能原因如下所述。

1）助焊剂的活性、润湿性差，涂敷的不均匀。

2）走板速度过慢，预热温度过高，使活化剂提前激发活性，采用双波峰焊，一次过锡时助焊剂中的有效分已完全挥发，待过二次锡波时已没活性，或活性已很弱。

3）焊盘，元器件脚氧化严重，造成吃锡不良。

4）PCB 设计不合理，造成元器件在 PCB 上的排布不合理，影响了部分元器件的上锡。

（9）助焊剂变色，可能原因如下所述。

有些无透明的助焊剂中添加了少许感光型添加剂，此类添加剂遇光后变色，但不影响助焊剂的焊接效果及性能。

（10）PCB 阻焊膜脱落、剥离或起泡，可能原因如下所述。

1）80% 以上的原因是 PCB 制造过程中出的问题。

2）助焊剂中的一些添加剂能够破坏阻焊膜。

3）锡液温度或预热温度过高。

2.4.3 再流焊

采用再流焊技术来焊接元器件的效果：焊点均匀、元器件一致性好、节省焊料、效率高，适用于大规模电子产品装配的自动化生产。目前已经成为表面贴装技术中主要的焊接工艺。

再流焊技术是将焊料加工成一定颗粒的、并拌以适当液态粘合剂，使之成为具有一定流动性的糊状焊膏，用它将贴片元器件粘在印制电路板上，然后通过加热使焊膏中的焊料熔化而再次流动，最后将元器件焊接到印制电路板上。

1. 再流焊的工艺流程

再流焊加工的是表面贴装的板，其流程比较复杂，可分为两种：单面贴装、双面贴装。

（1）单面贴装：预涂锡膏 → 贴片（分为手工贴装和机器自动贴装）→ 再流焊过程 → 检查及电测试 → 清洗烘干。

（2）双面贴装：A 面预涂锡膏 → 贴片（分为手工贴装和机器自动贴装）→ 再流焊过程 →B 面预涂锡膏 → 贴片（分为手工贴装和机器自动贴装）→ 再流焊过程 → 检查及电测试 → 清洗烘干。

再流焊过程可分为预热、保温、再流焊接和冷却 4 个阶段，焊炉内的温度按照事先设定好的规律变化，在控制系统作用下，自动完成焊接。

- 预热阶段：将被焊物件从室温逐渐加热至 150℃ 左右，在这个过程中，焊膏中的溶剂挥发。
- 保温阶段：炉内温度维持在 150～160℃，在这个过程中，焊膏中的活性剂开始发挥作用，去除被焊物件表面的氧化层。
- 再流焊接阶段：炉内温度逐渐上升，当超过焊膏熔点温度的 30%～40% 时，炉内温度会在 220～230℃ 之间，保持这个温度的时间要短于 10s，此时，焊膏完全熔化并润湿元器件的焊端与焊盘。
- 冷却阶段：炉内温度迅速降低，使被焊物件迅速降温，焊点凝固，完成焊接过程。

再流焊与波峰焊比较：再流焊中的元器件不直接浸入熔融的焊料中，元器件受到的热冲击小，在前一道工序里可以控制焊料的施加量，减少了虚焊、桥接等焊接缺陷，焊接的质量大大提高，焊点的一致性也较好，因而电路的工作可靠性也得到了保障。再流焊的焊锡膏价格比普通的高得多，能够保证正确的组分比例，一般不会混入杂质，这是波峰焊难以做到的。

2. 回流焊常见问题分析

影响回流焊工艺的因素很多，也很复杂，需要工艺人员在生产中不断研究探讨，以下从多个方面来进行探讨。

（1）温度曲线的建立。

温度曲线是指电路板通过回流炉时，电路板上某一点的温度随时间变化的曲线。温度曲线提供了一种直观的方法，来分析某个元器件在整个回流焊过程中的温度变化情况。这对于获得最佳的焊接性，避免由于超温而对元器件造成损坏，以及保证焊接质量都非常有用。温度曲线采用炉温测试仪来测试，目前市面上有很多种炉温测试仪供使用者选择。

（2）预热段。

预热段的目的是把室温的 PCB 尽快加热，以达到第二个特定目标，但升温速率要控制在适当范围以内，如果过快，会产生热冲击，电路板和元器件都可能受损；过慢，则溶剂挥发不充分，影响焊接质量。由于加热速度较快，在温区的后段电路板内的温差较大。为防止热冲击对元器件的损伤，一般规定最大速度为4℃/s。然而，通常上升速率设定为1~3℃/s。典型的升温速率为2℃/s。

（3）保温段。

保温段是指温度从 120~150℃升至焊膏熔点的区域。其主要目的是使 SMA 内各元器件的温度趋于稳定，尽量减少温差。在这个区域里给予足够的时间使较大元器件的温度赶上较小元器件，并保证焊膏中的助焊剂得到充分挥发。到保温段结束，焊盘、焊料球及元器件引脚上的氧化物被除去，整个电路板的温度达到平衡。应注意的是电路板上所有元器件在这一段结束时应具有相同的温度，否则进入到回流段将会因为各部分温度不均产生各种焊接不良现象。

（4）回流段。

在回流段这一区域里加热器的温度设置得最高，使组件的温度快速上升至峰值温度。在回流段其焊接峰值温度视所用焊膏的不同而不同，一般推荐为焊膏的熔点温度加 20~40℃。对于熔点为 183℃的 63Sn/37Pb 焊膏和熔点为 179℃的 Sn62/Pb36/Ag2 焊膏，峰值温度一般为 210~230℃，再流时间不要过长，以防对电路板造成不良影响。理想的温度曲线是超过焊锡熔点的"尖端区"覆盖的面积最小。

（5）冷却段。

冷却段中焊膏内的铅锡粉末已经熔化并充分润湿被连接表面，应该用尽可能快的速度来进行冷却，这样将有助于得到明亮的焊点并有好的外形和低的接触角度。缓慢冷却会导致电路板的更多分解而进入锡中，从而产生灰暗毛糙的焊点。在极端的情形下，它能引起沾锡不良和减弱焊点结合力。冷却段降温速率一般为 3~10℃/s，冷却至75℃即可。

（6）桥联。

焊接加热过程中也会产生焊料塌边，这个情况出现在预热和主加热两种场合，当预热温度在几十至一百度范围内，作为焊料中成分之一的溶剂即会降低粘度而流出，如果其流出的趋势是十分强烈的，会同时将焊料颗粒挤出焊区外的含金颗粒，在熔融时如不能返回到焊区内，也会形成滞留的焊料球。除上面的因素外，SMD 元器件端电极是否平整良好，印制电路板布线设计与焊区间距是否规范，阻焊剂涂敷方法的选择和其涂敷精度等都会是造成桥联的原因。

（7）立碑（曼哈顿现象）。

立碑是指在表面贴装工艺的回流焊接过程中，矩形片式元器件的一端焊接在焊盘上，而另一端出现翘立而脱焊缺陷的现象。这是因为片式元器件在遭受急速加热情况下使元器件两端存在温差，电极端一边的焊料完全熔融后获得良好的湿润，而另一边的焊料未完全熔融而引起湿润不良而发生了翘立。因此，加热时要从时间要素的角度考虑，使水平方向的加热形成均衡的温度分布，避免急热的产生。防止元器件翘立的主要因素有以下几点。

1）选择粘接力强的焊料，焊料的印制精度和元器件的贴装精度也需提高。

2）元器件的外部电极需要有良好的湿润性和湿润稳定性。推荐：温度在40℃以下，湿度在70%RH以下，进厂元器件的使用期不可超过6个月。

3）采用小的焊区宽度尺寸，以减少焊料熔融时对元器件端部产生的表面张力。另外可适当减小焊料的印刷厚度，如选用100μm。

4）焊接温度管理条件设定也是元器件翘立的一个因素。通常的目标是加热要均匀，特别在元器件两连接端的焊接圆角形成之前，均衡加热不可出现波动。

（8）润湿不良。

润湿不良是指焊接过程中焊料和电路基板的焊区（铜箔）或SMD的外部电极，经浸润后不生成相互间的反应层，而造成漏焊或少焊故障。其中原因大多是焊区表面受到污染或沾上阻焊剂，或是被接合物表面生成金属化合物层而引起的。譬如银的表面有硫化物、锡的表面有氧化物都会产生润湿不良。另外焊料中残留的铝、锌、镉等超过0.005%以上时，由于焊剂的吸湿作用使活化程度降低，也可发生润湿不良。因此在焊接基板表面和元器件表面要做好防污措施。选择合适的焊料，并设定合理的焊接温度曲线。

2.4.4 无铅焊接

到目前为止，电子产品中是含有金属铅元素的，而铅是一种有毒物质，一旦被人体吸收，将损坏健康。铅在电子产品中主要用于与锡组成铅锡合金作为焊料。传统的电子产品在焊接时，无一不是用铅锡合金做焊料的。但在其他环节也会用到铅，如贴片用锡膏、元器件在出厂前引线浸锡、PCB上的油墨、压电陶瓷材料等。因为以上原因，结合目前人类越来越重视环保和健康，无铅焊接组装电子产品的课题理所当然地被提出来了。

1. 无铅焊接技术的发展趋势

随着欧盟RHS关于2006年7月1日无铅化期限的逼近，日本知名的电子产品制造商：PANASONIC/NATIONAL、SONY、TOSHIBA、PIONEER、NEC等，从2000年开始导入无铅化制程，至今已基本实施无铅化制造，在日本及欧美市场上推出"绿色环保"家用电器产品。中国政府已于2003年3月由原信息产业部拟定《电子信息产品生产污染防治管理法》，自2006年7月1日禁止电子产品含铅（Pb）。因此，出于对环保的考虑，市场发展趋势是使用含铅焊料的电子产品将无法进入市场。对于电子组装企业来说，无铅焊接技术的应用已经是摆在企业面前必须解决的现实问题。

根据无铅焊接技术的工艺特点，使电子产品制造业实施无铅化制程需面临以下问题。

（1）焊料的无铅化。

到目前为止，全世界已报道的无铅焊料成分有近百种，但真正被行业认可并被普遍采用的是 Sn-Ag-Cu 三元合金，也有采用多元合金，添加 In，Bi，Zn 等成分。现阶段国际上是多种无铅合金焊料共存的局面，给电子产品制造业带来成本的增加，出现不同的客户要求不同的焊料及不同的工艺，未来的发展趋势将趋向于统一的合金焊料。

1）熔点高，比 Sn-Pb 高约 30℃。

2）延展性有所下降，但不存在长期劣化问题。

3）焊接时间一般为 4s 左右。

4）拉伸强度初期强度和后期强度都比 Sn-Pb 共晶优越。

5）耐疲劳性强。

6）对助焊剂的热稳定性要求更高。

7）高 Sn 含量，高温下对 Fe 有很强的溶解性。

鉴于无铅焊料的特性决定了新的无铅焊接工艺及设备。

（2）元器件及 PCB 的无铅化。

在无铅焊接工艺流程中，元器件及 PCB 镀层的无铅化技术相对要复杂，涉及领域较广，这也是国际环保组织推迟无铅化制程的原因之一，在相当时间内，无铅焊料与 Sn-Pb 的 PCB 镀层共存，而带来"剥离（Lift-Off）"等焊接缺陷，设备厂商不得不从设备上克服这种现象。另外对 PCB 制作工艺的要求也相对提高，PCB 及元器件的材质要求耐热性更好。

（3）焊接设备的无铅化。

由于无铅焊料的特殊性，无铅焊接工艺进行要求无铅焊接设备必须解决无铅焊料带来的焊接缺陷及焊料对设备的影响，预热/锡炉温度升高，喷口结构，氧化物，腐蚀性，焊后急冷，助焊剂涂敷，氮气保护等。

2. 其他焊接方法

除了上述几种焊接方法以外，在微电子元器件组装中，超声波焊、热超声金丝球焊、机械热脉冲焊都有各自的特点。例如新近发展起来的激光焊，能在几微秒的时间内将焊点加热到熔化而实现焊接，热应力影响小，可以同锡焊相比，是一种很有潜力的焊接方法。

随着计算机技术的发展，在电子焊接中使用微处理器控制的焊接设备已经普及。例如，微机控制电子束焊接已在我国研制成功。还有一种光焊技术，已经应用在 CMOS 集成电路的全自动生产线上，其特点是采用光敏导电胶代替焊剂，将电路芯片粘在印制电路板上用紫外线固化焊接。

随着电子工业的不断发展，传统的方法将不断改进和完善，新的高效率的焊接方法也将不断涌现。

2.4.5 任务实施

可组织学生到电子企业参观浸焊、波峰焊、再流焊等工艺流程。

项目3　整机的装配与调试

学习目标：

（1）会识读电子工艺文件，并能初步编制电子工艺文件。

（2）学会使用常用的工具，能正确选取整机装配所需的各种元器件及导线，并能对其进行装配前的预加工处理。

（3）学会对电子产品进行装配与调试。

（4）学会对电子产品进行检验与包装。

学习内容：

（1）了解电子工艺文件的种类、编制内容、编制原则、格式要求。

（2）学习装配前对电子元器件及导线预加工处理方法。

（3）学习电子产品在装配与调试过程中的各种工艺。

（4）电子产品的检验与包装工艺。

任务3.1　认识电子工艺文件

人们在电子产品的研究、设计、试制与生产实践中积累、总结形成的技术资料就是技术文件，用于生产、工艺管理等。根据电子产品的复杂程度、继承性、生产批量、组成生产的方式进行研究、设计、试制和生产实践总结形成了设计文件，它规定了产品的组成形式、结构尺寸、原理及在生产、调试与检验、使用与维护过程中的技术指标和说明，是组织生产的依据。根据设计文件提出对电子产品进行加工方法的描述就是电子工艺文件，即在电子产品的装配与调试中用来指导工人操作的工艺规程，从而实现设计图样上的要求，工艺文件既是实现产品加工、装配和检验的技术依据，也是组织生产、产品经济核算、质量控制、工人加工产品的主要依据。

编制电子工艺文件要根据电子产品的电路设计、生产性质、生产类型、产品的复杂程度、重要程度及生产组织形式，结合本企业的实际情况而定。

3.1.1　电子工艺文件的种类

电子工艺文件通常可分为工艺管理文件和工艺规程文件两大类。

1. 工艺管理文件

工艺管理文件是企业组织生产、进行生产技术准备工作的文件，它规定了产品的生产条件、工艺路线、工艺流程、工具设备、调试及检验仪器、工艺装置、材料消耗定额和工时消耗定额。

2. 工艺规程文件

工艺规程文件是规定产品制造过程和操作方法的技术文件，它主要包括零件加工工艺、元器件加工工艺、元器件装配工艺、导线加工工艺、调试及检验工艺和各工艺的工时定额。

3.1.2 编制电子工艺文件的方法

1. 编制内容

电子工艺文件是按照电子产品生产过程的工序来编制的，一般包含准备工序、流水线工序和检验工序等。

（1）准备工序工艺文件的编制内容：元器件的筛选、元器件引脚的成型和搪锡、线圈和变压器的绕制、导线的加工、线把的捆扎、地线成形、电缆制作、剪切套管和打印标记等。这些工作不适合流水线装配，应按工序分别编制相应的工艺文件。

（2）流水线工序工艺文件的编制内容主要是针对电子产品的装配和焊接工序，这道工序大多在流水线上进行。编制内容如下所述。

1）确定流水线上需要的工序数目。这时应考虑各工序的平衡性，其劳动量和工时应大致接近。

确定每个工序的工时。一般小型机每个工序的工时不超过 5min，大型机不超过 30min，再进一步计算日产量和生产周期。

2）工序顺序应合理。要考虑操作的省时、省力和方便，尽量避免让工件来回翻动和重复往返。

安装和焊接工序应分开。每个工序尽量不使用多种工具，以便使工人操作简单，易熟练掌握，保证优质高产。

（3）调试和检验工序工艺文件的编制内容应标明测试仪器、仪表的种类、等级标准及连接方法，标明各项技术指标的规定值及其测试条件和方法，明确规定该工序的检验项目和检验方法。

2. 编制原则

编制工艺文件应根据产品的组成、内容、生产批量和生产形式来确定，在保证产品质量和有利于稳定生产的条件下，以易懂、易操作为条件，以最经济、最合理的工艺手段进行加工为原则，以规范和清晰为要求。

（1）编制工艺文件应标准化，技术文件要求全面、准确，严格执行国家标准。在没有国家标准条件下也可执行企业标准，但企业标准只是国家标准的补充和延伸，不能与国家标准相左，或低于国家标准要求。

（2）编制工艺文件应具有完整性、正确性、一致性。完整性是指成套性完整和签署完整，即产品技术文件以明细栏为单位齐全且符合有关标准化规定，签署齐全。正确性是指编制方法正确、符合有关标准，贯彻实施标准内容正确、准确。一致性是指填写一致性、引证一致性、实物一致性，即同一个项目在所有生产的技术文件中的填写方法、引证方法均一致，产品所有技术文件与产品实物和产品生产实际是一致的。

（3）编制工艺文件要根据产品批量的大小、技术指标的高低和复杂程度区别对待。对于一次性生产的产品，可根据具体情况编写临时工艺文件或参照借用同类产品的工艺文件，并不需要每次都组织人员专门编写。对于未定型的产品，可以编写临时工艺文件或编写部分必要的工艺文件。

（4）编制工艺文件要考虑到车间的组织形式、工艺装备以及工人的技术水平等情况，必须保证编制的工艺文件切实可行。

（5）工艺文件以图为主，表格为辅，力求做到易读、易认、易操作，必要时加注简要说明。

（6）凡属装调工应知应会的基本工艺规程内容，可以不再编入工艺文件。

3. 格式要求

（1）工艺文件要有一定的格式和幅面，图幅大小应符合有关标准，并保证工艺文件的成套性。

（2）文件中的字体要正规，图形要正确，书写应清楚。

（3）所用产品的名称、编号、图号、符号、材料和元器件代号等应与设计文件保持一致。

（4）安装图在工艺文件中可以按照工序全部绘制，或者只按照各工序安装件的顺序，参照设计文件的要求进行安装。

（5）线把图尽量采用1∶1图样，以便于准确捆扎和排线。大型线把可用几幅图样拼接，或用剖视图标注尺寸。

（6）装配接线图中连接线的接点要明确，接线部位要清楚，必要时产品内部的接线可假设移除展开。各种导线的标记由工艺文件决定。

（7）工序安装图基本轮廓相似、安装层次表示清楚即可，不必全按实样绘制。

（8）焊接工序应画出接线图，各元器件的焊接点方向和位置应画出示意图。

（9）编制成的工艺文件要执行审核、批准等手续。

（10）当设备更新和进行技术革新时，应及时修订工艺文件。

4. 装订成册

工艺文件包括专业工艺规程、各具体工艺说明及简图、产品检验说明（方式、步骤和程序等）。这类文件一般有专用格式，具体包括工艺文件封面、工艺文件目录、元器件工艺表、导线及扎线加工表、工艺说明及简图、装配工艺过程卡等。

电子产品工艺文件的格式现在基本按照电子行业标准 SJ/T10324—92 执行，应根据具体电子产品的复杂程度及生产的实际情况，按照规范进行编写。为了保证电子产品生产的顺利进行，有利于查阅、检查、更改、归档，保证工艺文件的完整齐全（成套性），对某项产品成套性工艺文件必须装订成册。可按设计文件所划分的整件为单元进行成册，也可按工艺文件中所划分的工艺类型为单元进行成册，或根据实际情况的需要将上述两种方法混合交叉成册。册数依产品的复杂程度可装成一册或若干册。

3.1.3　任务实施

识读工艺文件，认识电子工艺文件的成册要求包含哪些主要内容。

1. 工艺文件的封面

工艺文件的封面装在工艺文件成册的最表面，如表3-1所示。

2. 工艺文件的目录

工艺文件的目录是工艺文件装订顺序的依据。目录可作为移交工艺文件的清单，便于查阅每一种组件、部件和零件所具有的各种工艺文件的名称、页数和装订次序，也反映出本产品的工艺文件是否齐套，如表3-2所示。

表 3-1　工艺文件的封面

工 艺 文 件

共　册
第　册
共　页

型　号＿＿＿＿＿＿

名　称＿＿＿＿＿＿

图　号＿＿＿＿＿＿

本册内容＿＿＿＿＿＿

批准＿＿＿＿＿＿

年　月　日

表 3-2　工艺文件的目录

工艺文件的目录			产品名称或型号		产品图号
序号	文件代号	零、部、整件图号	零、部、整件名称	页数	备注

旧底图总号						
底图总号	更改标记	数量	文件号	签名	日期	拟制
						第　页
日期	签名					审核
						共　页

3. 配套明细栏

配套明细栏是编制装配需用的零、部、整件及材料与辅助材料清单，供各有关部门在配套及领发料时使用，也可作为装配工艺过程卡的附页，如表3-3所示。

表3-3　配套明细栏

配套明细栏				产品名称或型号		产品图号
序号	图号	名称		来自何处	数量	备注
旧底图总号						
底图总号	更改标记	数量	文件号	签名	日期	拟制
日期	签名					审核
						第　页
						共　页

4. 工艺路线表

工艺路线表表明了电子产品的整件、零件、部件在加工、准备过程、生产过程和调试过程中的工艺路线，如表3-4所示，"装入关系"栏以方向指示线显示产品整件、零件、部件的装配关系；"整件用量"栏填写与产品明细栏相对应的数量；"工艺路线及内容"栏填写整件、零件、部件加工过程中各部门（车间）及其工序的名称或代号。

5. 工艺说明及简图

工艺说明及简图包括调试说明及简图、检验说明及简图、工艺流程框图和特殊工艺要求等。简图有框图、逻辑图、电路图、印制电路板图、零部件图、接线图、线扎图和装配图。可以画表格及填写文字说明，如调试说明、检验要求说明等各种工艺文件，如表3-5所示。

表3-4 工艺路线表

工艺路线表				产品名称或型号		产品图号
序号	图号	名称		装入关系	整件用量	工艺路线及内容
旧底图总号						
底图总号	更改标记	数量	文件号	签名	日期	拟制		第　页
日期	签名					审核		
								共　页

表3-5 工艺文件说明及简图

工艺文件说明（××简图）		名称	编号或图号
		工序名称	工序工号
底图总号	更改标记	数量	文件号	签名	日期	拟制		第　页
日期	签名					审核		共　页

55

6. 导线（扎线）加工表

导线（扎线）加工表中列出了整机产品所需的各种导线和扎线等线缆用品。此表要便于观看、标记醒目和不易出错，如表3-6所示。

表3-6　导线（扎线）加工表

导线（扎线）加工表				产品名称或型号						产品图号		
编号	名称规格	颜色	数量	长度/mm						去向、焊接处		
				全长	A端	B端	A剥头	B剥头		A端	B端	设备	工时定额	备注

编号	名称规格	颜色	数量	全长	A端	B端	A剥头	B剥头	A端	B端	设备	工时定额	备注

旧底图总号													

底图总号	更改标记	数量	文件号	签名	日期	拟制	第　页
日期	签名					审核	共　页

7. 元器件工艺表

为提高插装效率，对购进的元器件要进行预处理加工，为完成预处理加工而编制的元器件加工汇总表，是供电子产品内部元器件的准备工艺使用的，如表3-7所示。

表 3-7　元器件工艺表

元器件工艺表				产品名称或型号				产品图号		
编号	位号	名称规格	数量	长度/mm				数量	设备	工时定额	备注
				A端	B端	正端	负端				

旧底图总号

简图：

底图总号		更改标记	数量	文件号	签名	日期	拟制		第　页
日期	签名						审核		
									共　页

8. 装配工艺过程卡

装配工艺过程卡是整机装配中的重要文件，准备工作的各工序和流水线各工序都要用到它，其中安装图、连线图和线把图等都采用图卡合一的格式，即在一幅图上既有图形，又有材料表和设备表，材料顺序按照操作先后次序排列。有些要求在图形上不易表达清楚，可在图形下方加注简要说明，如表 3-8 所示。

9. 材料消耗定额表

材料消耗定额表列出生产产品所需要的所有原材料（包括外购、外协件、辅助材料）的定额，一般以套为一个单位，并有一定的余量作为生产中的损耗。它是供应部门采购原料和财务部门核算成本的依据。

10. 工艺文件更改通知单

工艺文件更改通知单对工艺文件内容做永久性修改时用。填写中应填写更改原因、生效日期及处理意见，"更改标记"栏按有关图样管理制度字母填写，最后要执行更改会签审核、批准手续，如表 3-9 所示。

表 3-8　装配工艺过程卡

装配工艺过程卡						产品名称或型号		产品图号	
序号	装入件及辅助材料		车间	序号	工种	工序（步）内容及要求	设备及工装	工时定额	
	名称、牌号、技术要求	数量							

旧底图总号								
底图总号	更改标记	数量	文件号	签名	日期	拟制		第　页
日期	签名					审核		共　页

表 3-9　工艺文件更改通知单

更改单号	工艺文件更改通知单		产品名称		零、部件名称		图号		第　页
									共　页
生效日期	更改原因				处理意见				
更改标记	更改前			更改标记	更改前				
拟制		日期		审核		日期		批准	日期

11. 工艺文件的管理

（1）经生产定型或大批量生产产品的工艺文件底图必须归档，由企业技术档案部门统一管理。如需借用，必须有主管部门的签字，并出具借条，用完应及时归还。

（2）对归档的工艺文件的更改应填写更改通知单，执行更改会签、审核和批准手续后交技术档案部门，由专人负责更改。技术档案部门应将更改通知单和已更改的工艺文件蓝图及时通知有关部门，并更换下发的蓝图。更改通知单应包括涉及更改的内容。

（3）临时性的更改也应办理临时更改通知单，并注明更改所适用的批次或期限。

（4）有关工序或工位的工艺文件应发到生产工人手中，操作人员在熟悉操作要点和要求后才能进行操作。

（5）应经常保持工艺文件的清洁，不要在图样上乱写乱画，以防止出现错误。

（6）发现图样和工艺文件中存在的问题，应及时反映，不要自作主张随意改动。

任务3.2　元器件引线的预处理与插装

3.2.1　元器件引脚的预处理

每一个电子产品要实现其功能的电路通常是在印制电路板上装配其所需的电子元器件，元器件的引脚在装配之前必须经过弯折成型，根据电路板安装位置的特点及电气性能要求预先把元器件弯曲成一定的形状。这样既能够提高焊接的牢靠度和生产效率，又能使装配出来的电路板整齐、美观。

1. 元器件引脚的校直

生产出来的元器件由于包装、贮存、运输等中间环节的影响，使引脚弯曲变形，不利于装配，所以在装配前必须用无刻纹尖嘴钳、平口钳或镊子对元器件引脚进行简单的手工校直或使用专用设备校直。在校直过程中，注意不可用力过猛拉断或扭伤损坏元器件的引脚。

2. 元器件引脚的弯折成型

根据焊盘孔的间距及不同元器件在装配上的特点，用尖嘴钳或镊子把元器件的引脚弯折加工成所需的形状，目的是在插装时能迅速而准确地插入焊盘孔内。在工厂多采用模具手工

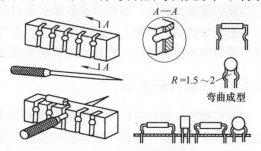

图3-1　引线成形的模具

成型和自动折弯机。如图3-1所示为引线成形的模具。加工时，注意不要将引脚齐根弯折，并用工具保护引脚的根部，以免损坏元器件根部。成型后的元器件如图3-2所示，弯折处应距根部 A 至少大于2mm，弯折半径 r 不得小于1.5 mm，L 为两焊盘之间的距离，l 为元器件外形的最大长度。图3-2a 是元器件的引线成型的基本方法，也是手工插装和焊接时卧式的形状，应用最为广泛。图3-2b 为自动插装和焊接时的形状或者当焊盘孔距小于元器件的外形最大长度时的引线成型。图3-2c 也是自动插装和焊接时的形状。图3-2d 为手工插装和焊接时立式插装的形状。图3-2e 为手工插装和焊接时集成电路的引线成型。

注意：元器件引脚弯折成型后不产生破裂，表面封装不应损坏，弯曲部分不允许出现模

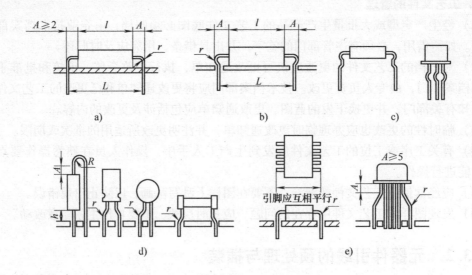

图 3-2 元器件成型图

a）卧式插装 b）自动焊接（卧式）引线成型 c）自动焊接（卧式和立式）引线成型
d）立式插装 e）集成电路的引线成型

印裂纹。标称值应处于方便查看的位置，一般应位于元器件的上表面或外表面。

3. 元器件引脚的镀锡处理

元器件的引脚在制造时虽有可焊性，一般都要镀上一层薄的钎料，多数是镀铝锡合金，但因生产工艺的限制以及中间环节时间长的影响，使引脚的表面产生氧化膜，降低了可焊性。因此，元器件在焊接前都要重新镀锡。

镀锡前表面清洁，用刮刀或砂纸去除引脚表面的氧化物，然后放在松香或松香水里蘸一下，用电烙铁给引脚镀上一层很薄的锡。新的元器件只要镀层光亮，用橡皮擦干净即可。注意不要划伤和折断引脚，对扁平封装的集成电路，则不能用刮刀，只能用橡皮轻擦。

3.2.2 元器件的插装

有引脚的元器件可以手工插装，也可以利用自动化设备进行插装。插装形式有卧式插装、立式插装、倒立插装、横向插装和嵌入插装等。安装顺序一般为先低后高、先轻后重、先易后难、先一般元器件后特殊元器件。元器件在印制电路板上的分布应尽量均匀，疏密一致，同一规格的元器件应尽量安装在同一高度，排列整齐美观，不允许斜排、立体交叉和重叠排列。元器件外壳和引线不得相碰，应有 1mm 左右的安全间隙，必要时，采用绝缘套管套住引线。元器件的标志方向应按照装配图样规定的要求，以安装后能看清元器件上的标志为准。

1. 卧式插装

卧式插装法是将元器件紧贴印制电路板的板面水平放置，元器件与印制电路板之间的距离可视具体要求而定；当元器件为金属外壳，安装面又有印制导线时，应加垫绝缘衬垫或套绝缘套管，如图 3-3 所示。要求元器件的标记面和色码部位应朝上，方向一致（若装配图没有指明方向，一般是从左到右），易于辨认。元器件装接后上表面整齐、美观，具有机械稳定性好，受震动时不易脱落，排列整齐等优点，但占用面积较大。

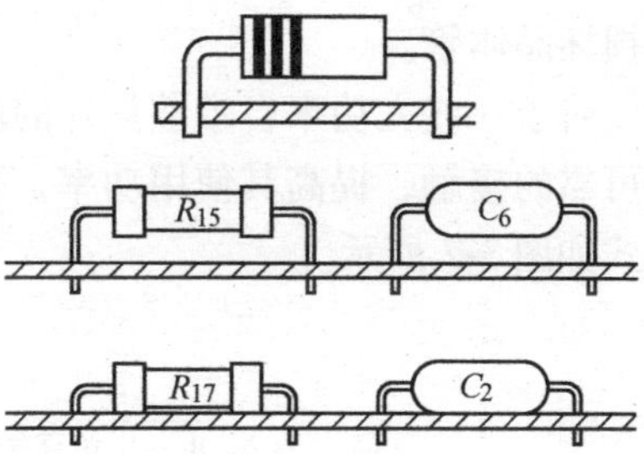

2. 立式插装

立式插装是将元器件垂直插入印制电路板，符号标识向外，色标法的读数方向一般是从上到下较为方便，或按装配图规定的方向，以便于辨认和检查。尽量使所有元器件保持排列整齐，同类元器件要保持高度一致。

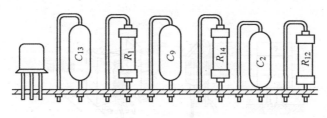

图 3-3　卧式插装

如图 3-4 所示，它适用于密集度较高的场合，但对于重量大且引线细的元器件不宜采用。优点是密度较大，占用印制电路板面积小，拆卸方便，缺点是若引脚过长易倒伏，碰撞引起短路现象，降低整机的可靠性。

图 3-4　立式插装

3. 横向插装

有高度限制的元器件安装时采用横向插装，如图 3-5 所示，它是将元器件先垂直插入印制电路板，然后将其朝水平方向弯曲，以降低高度。

4. 倒立插装与嵌入插装

倒立插装与嵌入插装是把元器件的壳体倒立或埋入印制基板内，是为了特殊的需要而采用的插装方法。如嵌入插装法是为了降低高度，提高元器件的防震能力和加强牢靠度。倒立插装与嵌入插装如图 3-6 所示。

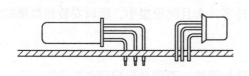

图 3-5　横向插装

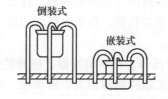

图 3-6　倒立插装与嵌入插装

3.2.3　特殊元器件的插装

1. 晶体管的安装

二极管安装时除了注意极性外，还要注意外壳封装，如玻璃壳体易碎引线弯曲时易爆裂，可将引线先绕 1～2 圈再安装；对于大电流二极管，留引线长度要根据规格中的要求，因为有的将引线当做散热器用，不宜套绝缘套管。

晶体管的安装一般采用立式插装，在特殊情况下也有采用横向或倒立安装。引线长度一般为 3～5mm，不能保留得太长或太短，太长会降低晶体管的稳定性，太短在焊接时会过热而损坏晶体管。

对于一些大功率自带散热片的塑封晶体管，安装时一定要再加散热板，并与自带散热片有可靠的接触，提高其使用功率，否则将造成管子过热而损坏。二极管和塑封晶体管的安装形式如图 3-7 所示。

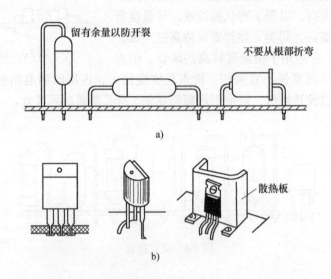

图 3-7　二极管和塑封晶体管的安装形式

a）二极管的安装　b）塑封晶体管的安装

2. 集成电路的安装

集成电路的封装有晶体管式封装、单列直插式封装、双列直插式封装和扁平式封装。在安装时一定要先弄清楚引线排列的顺序及找准第一引脚，检查引线是否与印制电路板的孔位相同，然后再插入印制电路板。注意不能用力过猛，以防止弄断和弄偏引线，否则，有可能装错或装不进孔位。集成电路的引线比其他元器件多，而且间距很小，所以安装和焊接的难度比较大。

3. 变压器、电解电容器、磁棒的安装

这些元器件的体积大、重量重，必须加一些防护措施，否则会影响到整机的装配质量。

（1）中频变压器及输入、输出变压器本身带有固定脚，安装时将固定脚插入印制电路板的相应孔位，然后将其固定脚压倒并焊接就可以了。

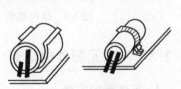

图 3-8　电解电容的安装

（2）对于较大体积的电源变压器，一般要采用螺钉固定。螺钉上最好能加上弹簧垫圈，以防止螺钉或螺母的松动。

（3）磁棒的安装一般采用塑料支架固定。先将塑料支架插到印制电路板的支架孔位上，然后从印制电路板的反面给塑料脚加热熔化，待塑料脚冷却后，将磁棒插入即可。

（4）对于体积较大的电解电容，可采用弹性夹固定，如图 3-8 所示。

3.2.4 任务实施

1. 器材准备

每人配备有以下器材。

(1) 尖嘴钳、平口钳、镊子各一把，万能印制电路板一块。

(2) 各种规格的电阻、电容、电解电容、二极管、晶体管若干。

(3) 集成电路一块。

(4) 绝缘套管若干。

2. 实施过程

每人先独立完成以下步骤。

(1) 正确选择工具对上述的元器件引脚进行预加工处理，引脚的校直、表面清洁、上锡等。

(2) 在万能印制电路板上安装并焊接，要求采用不同的插装方式。

3. 评分标准

以小组（每组 4~6 人）为单位，同学之间按表 3-10 所示的各项目进行互相评分。

表 3-10 评分标准

项目内容	配分	得分	评分依据	
元器件引脚成型	60 分		(1) 工具使用不当 (2) 元器件整形的方法不正确 (3) 损坏元器件 (4) 元器件整形达不到要求	每次扣 5 分 扣 20 分 每只扣 20 分 每只扣 10 分
整体安装	20 分		(1) 元器件排列不整齐、美观 (2) 焊点不合格	扣 5 分 扣 5 分
学习态度、协作精神、职业道德	10 分			
安全文明生产	10 分		违反安全文明操作规程	扣 5 分
总评成绩				

任务 3.3 导线的加工

准备工序是指电子产品在整机装配之前，对整机所需的各种导线、元器件、零部件等进行预加工处理。它是顺利完成整机装配的重要保障，是提高生产效率，确保电子产品质量的前提。

准备工序是多方面的，它与产品复杂程度、元器件的结构和装配自动化程度有关。在本任务中主要学会正确使用常用的工具对导线与电缆的加工与浸锡、线把的扎制等工序。导线的加工主要有：剪裁、剥头、捻头（多股芯线）、上锡、清洁。

3.3.1 绝缘导线的加工

导线是电子产品整机装配过程必需用到的材料，在电路中起着连接内部元器件之间、各级电路之间电气性能的作用，导线在接入电路前必须进行加工处理，以保证导线接入电路后装接可靠、导电良好且能经受一定拉力而不致产生断头。导线端头加工一般有剪裁、剥头、清洁、捻头（多股芯线）、上锡和印标记等工序，如图3-9所示。

1. 剪裁

剪裁的步骤及注意事项如下所述。

（1）确定长度。根据工艺文件中的导线加工表规定要求，选择导线的型号、规格、颜色，确定所需导线的长度。

（2）导线拉直。用尖嘴钳、平口钳或镊子对导线进行简单的手工校直或使

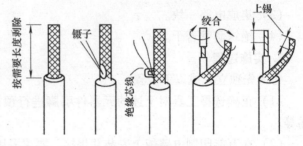

图3-9 绝缘导线加工工序

用专用设备（调直机）校直，以保证导线的长度不受影响。

（3）剪裁。校直完再剪，可用剪刀、斜口钳、自动剪线机或半自动剪线机进行剪切，按先剪长导线后剪短导线的顺序，这样可以减少浪费。截取导线的长度允许有5%～10%的正误差，不允许出现负误差，应符合公差要求或工艺文件中的特殊要求，表3-11所示的导线长度与公差要求可参考选择。

表3-11 导线长度与公差要求

导线长度/mm	50	50～100	100～200	200～500	500～1000	1000以上
公差/mm	+3	+5	+5～+10	+10～+15	+15～+20	+30

（4）裁剪时注意做到导线切口要整齐、不损伤导线及绝缘层。

（5）注意绝缘层已损坏的导线及芯线已锈蚀的导线不能再采用，以确保导线的导电性能良好。

2. 剥头

把导线端头的绝缘层剥去一段长度而露出芯线的过程称为剥头。剥头长度应按工艺文件中的导线加工表规定（一般为10～12mm）。

剥头常用的方法有两种刃截法和热截法。

（1）刃截法。设备简单但可能会损伤导线。操作方法一：用最简单的电工刀和剪刀进行手工剥头，先在剥头处的绝缘层上轻轻切割一个圆形线口，稍用力深割但不能割透绝缘层而损伤芯线，然后用剪刀在切口处沿端头方向使力剥离绝缘层，注意这种方法容易产生误操作。操作方法二：用剥线钳剥头，要选择与芯线粗细相配的钳口，刀刃口对准导线的剥头处，用力压紧剥线钳，刀刃切入绝缘层内，夹爪自动抓住导线，拉出切断的绝缘层。剥线钳的使用如图3-10所示。操作方法三：自动剥线机适用于工厂大批量生产。不管哪一种方法都应做到绝缘层剥除整齐，芯线无损伤、剪断、断股。

（2）热截法。采用工具是热控剥皮器。使用方法：先预热热控剥皮器，待电阻丝呈暗红色时，将需要剥头导线的剥头处放在两个电极之间，边加热边转动导线，待四周绝缘层均被切断后用手边转动边向外拉，即可剥出无损伤的端头。此种方法的优点是操作简单，截切

口平整，不损伤芯线，适用于大批量生产。其不足之处是加热绝缘层时极易散发出对人体有害的气体，故使用该方法时应注意周围环境的通风。热控剥皮器的外形如图 3-11 所示。

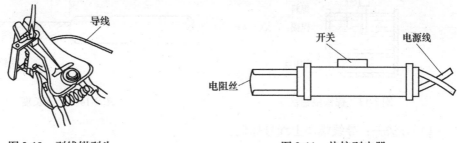

图 3-10　剥线钳剥头　　　　　　　　　图 3-11　热控剥皮器

3. 清洁

剥头后的导线端头易被氧化，且有的芯线带有油漆层或污物，因此，导线在捻头前要先清除掉氧化层和油漆层或污物，保证后续的焊接质量。清洁方法有两种：一是用小刀在芯线上轻轻刮，注意用力要适度，同时转动导线，以便全面刮净芯线上的氧化层和油漆层。二是用砂纸清除，砂纸由导线绝缘层端向端头单向运动，以免损伤导线。

4. 捻头

多股导线经清洁后的芯线很容易松散开和折断，直接用于焊接易造成焊盘或导线间的短路，因此多股导线经剥头、清洁后要进行捻头处理，也防止镀锡后端头直径太粗。方法是先将多股芯线的端头理直，用手指或工具夹顺着原来导线合股方向捻紧，一般螺旋角在 30°～45°之间，如图 3-12 所示。捻线时不要用力过大，防止将芯线捻断。大批量生产时可用捻头机处理。多股芯线的捻头后应均匀，松紧适中，无单股分离。

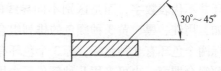

图 3-12　捻头

5. 上锡（浸锡）

芯线端头经过清洁、捻头处理后应及时上锡，防止芯线在空气中裸露的时间过长，在表面产生氧化物，也提高端头的焊接性，避免出现虚焊、假焊等现象。

简易的上锡的方法是采用电烙铁上锡：待电烙铁通电加热至能熔化焊锡时，将芯线放在松香上，用电烙铁使芯线先蘸上一层的松香，然后让吃锡的电烙铁给芯线上锡。

在工厂大批量的生产，一般采用锡锅浸锡法，这样速度快，生产量大。操作方法是将已捻头的芯线端头先蘸上助焊剂后，插入已有熔化焊锡的锡锅中，芯线端头就会镀上一层薄薄的焊锡。锡锅浸锡法如图 3-13 所示。浸锡时要注意浸锡层与绝缘层之间应留有 1~3mm 的空隙，锡锅中的焊锡不能触到绝缘层端头；浸锡的时间一般为 1~3s，不宜过长，否则，绝缘层会出现沾锡或过热导致被熔化卷起而损坏。若一次浸锡未达到要求时，需经过一定时间后，再进行第二次浸锡。上锡长度如图 3-14 所示。浸锡后若出现线头有焊料堆积或焊剂残留，需用液相进行清洗，使芯线镀锡层透而匀、光洁、无毛刺、无伤痕，提高焊接的可靠性。

6. 印标记

简单的电子产品用的导线少，靠导线的颜色就能区分清楚，可不印标记。复杂的电子产品用的导线较多，单靠导线的颜色难以辨别清楚其走向，为了使安装、焊接、检修和维护时方便，必须在导线的两端印上标记（也可先在套管上印标记，然后再套在导线上）。

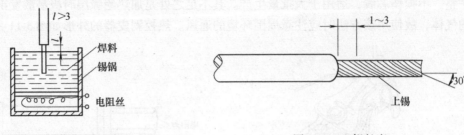

图 3-13　锡锅浸锡法　　　　　　　　图 3-14　上锡长度

（1）方法一：导线端印上线号标记。

如图 3-15 所示，导线标记位置应在离 8～15mm 处，印字要清楚，印字方向要一致，字号应与导线粗细相配。跨接导线较少时，可以不印标记；短导线数量较多时，可以只在其一端印标记；深色导线可用白色油墨，浅色导线可用黑色油墨，容易辨别字迹。

图 3-15　导线端印上线号标记

（2）方法二：导线端印上色环标记。

如图 3-16 所示，导线的色环位置应根据导线的粗细，从距导线绝缘端 10～20mm 处开始，色环宽度为 2mm，色环间距为 2mm。各色环的宽度、距离、色度要均匀一致。导线色环并不代表数字，而是区别不同导线的一种标志。色环读法从线端开始向后顺序读出。例如，用红、黑、黄 3 种颜色的排列组合即可构成 39 种色标，因为只标一个色环有 3 种色标，标两个色环有 9 种色标，标 3 个色环有 27 种色标。如果导线超过 39 根，可用 4 种颜色来排列组合即可，也可多用几种颜色而少用几种组合。

染色环时所用的设备为染色环机、眉笔、台架（供染色环后自然干燥用的简单设备）。所用颜色由各色盐基性染料加 10% 的聚氯乙烯、90% 的二氯乙烷配制而成。

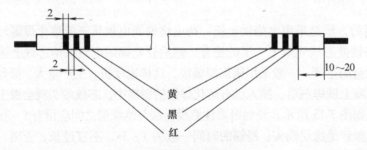

黄
黑
红

图 3-16　导线端印上色环标记

3.3.2　屏蔽导线端头的加工

在电子产品中经常用屏蔽导线来传输信号，因屏蔽导线是在导线外面再套上一层金属编织网线（作为屏蔽层）的特殊导线，它可以抑制周围电磁场的干扰，保证电路正常工作。在对其端头处理时，屏蔽层不能去除太长，否则影响屏蔽效果，一般去除长度为 10～20mm，如果工作电压超过 600V 时，可去除 20～30mm。

1. 屏蔽导线不接地端的加工方法

（1）按工艺文件要求的尺寸剪下屏蔽线，允许有5%～10%的正误差，不允许负误差，如图3-17a所示。

（2）用热剥法和刃截法剥去屏蔽导线端部一段的外绝缘层，截取长度根据工艺文件的要求去除，注意不要伤及屏蔽层，如图3-17b所示。

（3）先用左手拿住屏蔽的外绝缘层，右手将金属编织网线推成如图3-17c所示的形状，然后剪断屏蔽编织网线，如图3-17d所示。

（4）也可将松散的编织线翻过来后加上收缩性套管并加热，使套管牢固，芯线端头镀上锡，如图3-17e、f所示。

2. 屏蔽导线接地端的加工方法

（1）按要求的尺寸剪下屏蔽线，如图3-18a所示。

（2）用热截法或刃截法去掉端部的外绝缘层，如图3-18b所示。

（3）用镊子在屏蔽层编织网线的适当位置拨开一个小孔，弯曲编织网线，从金属编织线中抽出绝缘线，如图3-18c所示。

（4）去除掉绝缘线的一段绝缘层露出芯线，并给予浸锡处理，如图3-18d所示。

（5）将屏蔽层编织网线按需要剪短，然后将其拧紧并浸锡处理，供接地使用，如图3-18e所示。

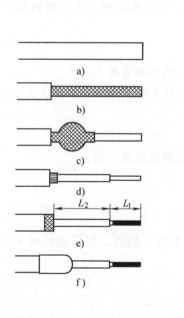

图3-17 屏蔽导线不接地端的加工方法

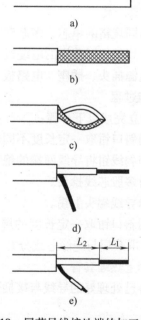

图3-18 屏蔽导线接地端的加工方法

3.3.3 同轴电缆端头的加工方法

同轴电缆端头的加工方法如下所述。

（1）剥去同轴电缆的外表绝缘层，如图3-19a所示。

（2）去掉一段金属编织线，如图3-19b所示。

（3）根据同轴电缆端头的连接方式，剪去芯线上的部分绝缘层，如图 3-19c 所示。

（4）对芯线进行浸锡处理，如图 3-19d 所示。

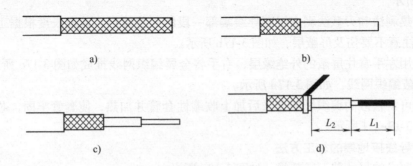

图 3-19　同轴电缆端头的加工方法

a）剥除外层绝缘皮　b）去除部分编织网线　c）剥除内层绝缘皮　d）内金属芯线上锡

3.3.4　任务实施

1. 器材准备

每人配备以下器材：

（1）斜口钳、剥线钳、镊子、电烙铁、焊锡丝、直尺各一把，不同规格的一字形、十字形螺钉旋具一套。

（2）不同规格的单芯、多芯塑胶绝缘导线若干。

（3）金属编织屏蔽层的电缆线、高频同轴软线、热缩套管若干。

（4）电源插头、插座、电路板、屏蔽电缆插头、同轴电缆插头等接插件若干。

2. 实施过程

每人独立完成以下步骤：

（1）用斜口钳取一定长度不同规格的单芯、多芯塑胶绝缘导线。

（2）用剥线钳将导线两端的绝缘皮按要求剥除。

（3）对多股芯线捻头。

（4）给导线端头上锡。

（5）用斜口钳取一定长度的屏蔽导线和同轴电缆线，然后，对其进行剥头、捻头、上锡，注意将屏蔽层与绝缘芯线分开。

（6）套上热缩套管。

（7）将已处理好的导线与接插件连接起来。

任务 3.4　电子节能荧光灯的装配与检测

通过本任务的学习，在老师的指导下你应该能够：

（1）通过各种信息渠道收集与电子节能荧光灯装配有关的专业知识和信息。查阅中华人民共和国节能灯国家标准"普通照明用自镇流荧光灯性能要求"GB/T17263—2002 及"普通照明用自镇流荧光灯能效限定值及能效等级"GB19044—2003 等相关国标。

（2）会识别与检测有关的元器件，并判别质量的好坏。

（3）正确选择并较为熟练地使用相关的工具、仪表及检验仪器。

（4）初步会编制节能灯装配的工艺文件，按照工艺文件完成节能灯的装配与检测。

（5）熟悉在紧凑型印制电路板上装配电子元器件。

（6）熟悉节能灯的合格标准对节能灯电路的进行检测。

（7）能够与小组成员合作生产出符合产品标准的电子节能荧光灯。

（8）在照明类电子产品的装配方面由初学者逐步达到熟练者。

3.4.1 任务描述

以电子节能荧光灯为器材来完成本任务，也可用电子应急灯、LED 节能灯等为器材。

模拟企业生产车间，根据生产部下达的生产任务（订单），在规定的时间内，以高效、经济的方式，按照生产工艺的要求，班组协作共同完成的生产任务。

说明：学生也可以以独立方式完成电子节能荧光灯装配与检测。

需要提交的成果：电子节能灯的实物作品、工作报告。

3.4.2 任务相关知识

1. 电子节能灯简介

收集有关电子节能灯的技术资料，比较传统照明和绿色照明的参数异同，谈谈提倡节能减排、绿色照明工程的意义。

电子节能灯是指将荧光灯与镇流器组合成一个紧凑型整体的照明设备。其正式名称是稀土三基色紧凑型荧光灯，20 世纪 70 年代诞生于荷兰的飞利浦公司。在输出光能达到相同的条件下，节能灯耗电只需普通白炽灯用电量的 1/5 ~ 1/4，节约了大量的电能，因此被称为节能灯。根据节能灯管外形的不同来命名，主要有 U 形管、螺旋管、直管形、莲花形等，功率一般有 3 ~ 240W 等多种规格，这里主要介绍 U 形管节能灯的装配与检测。

2. 电子节能灯的结构特点

3U 型电子节能荧光灯是将小型电子镇流器安装于灯具全密封塑壳中，如图 3-20 所示，其工艺特点是小型而紧凑，所以在生产加工时首先根据装配工艺文件对电子镇流器电路进行装配，并按技术标准文件要求进行调试，经检验合格后，然后把荧光灯管、电子镇流器、密封外壳及灯头装配成品，再经过检验，要符合国标 GB/T17263—2002 及 GB19044—2003，这样才能算是生产出合格的电子节能灯产品。

3. 电子节能灯的电路图及工作原理

工作原理：图 3-21 属于半桥逆变电路，图中 L_1、C_1 组成 L 型滤波器，主要是滤除半桥逆变电路所产生的电磁干扰信号，避免此信号通过电源线引起传导干扰其他电气设备。接通 220V 交流电源，电流经 VD_1 ~ VD_4 桥式整流电路，电解电容 C_2 滤波后输出 310V 左右的脉动直流电压，提供给镇流器工作电压，该电压再经 R_1 降压后对积分电容 C_3 充电，当电压达到

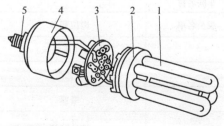

图 3-20　3U 型紧凑型节能灯的内部结构

1—荧光灯管　2—荧光灯管封接口　3—小型电子镇流器

4—全密封电子镇流器外壳　5—灯头

并超过触发二极管 DB$_3$ 的转折电压（约 30 ~ 40V）后，DB$_3$ 击穿导通，产生一个锯齿波脉冲加到 T$_2$ 的基极，触发振荡器电路（由晶体管 T$_1$、T$_2$、磁环变压器的初级绕组 L$_{2c}$ 正反馈及其可饱和磁心来构成），使振荡器电路开始工作。T$_2$ 导通对 C$_6$ 充电，T$_1$ 导通对 C$_6$ 放电，T$_1$、T$_2$ 轮流导通，使并联于灯管两端的灯起动电容 C$_6$ 上的电流方向不断改变，迅速引起由扼流圈 L$_3$、C$_6$、C$_5$ 组成的 LC 串联谐振电路发生谐振，在 C$_6$ 两端电压达到最大值，产生一个约为 600V ~ 1.2kV 的高压脉冲，加在荧光灯管两端，使管内气体电离产生的紫外线激发管壁上的荧光粉，灯管点亮。热敏电阻 PTC 起预热启辉作用，以保护灯管灯丝，延迟黑管使灯管使用寿命延长。

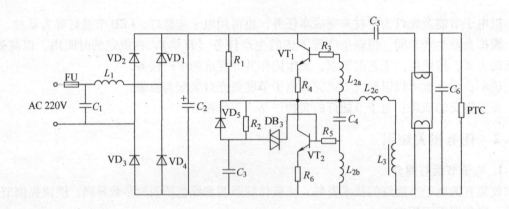

图 3-21　电子节能灯的电路原理图

3.4.3　任务实施

1. 前期准备

（1）班组成员分工。

根据学生数量把全班分成 2 ~ 3 个班组，每组以 12 ~ 18 人为宜，为提高团队成员的凝聚力，模拟生产节能灯企业的生产车间，每组相当于一条生产线，并各自取一个名称。在老师的指导下，班组长将每组成员安排在生产线上按各道工序的岗位上，共同协作完成生产任务。每组成员角色可以互换轮流，也可以通过多轮生产后竞聘取得，如表 3-12 所示。

表 3-12　班组名单表

车间名称		
成员名单	岗位职务	岗位职责
	线长（班组长）	领取生产物料及生产人员的调配
	工艺员	指导作业员的生产工艺
	维修	不合格品的检修
	插件线检	半成品的检验
	插件员 1	插电阻、电容
	插件员 2	插二极管、晶体管

（续）

车间名称		
成员名单	岗位职务	岗位职责
	插件员3	插电解、电感、插针
	插件员4	插保险管、电源线
	浸焊员（焊接）	锡炉焊接及切脚
	补焊	将短路虚焊的焊点修补完整
	补焊检测	测试插件好的PCB是否合格
	总装绕线	将灯管与PCB连接在一起
	总装装配	将塑料盖与灯头、灯管装配完整
	总装检测	测试装配好的整灯是否功率与要求一致
	老炼	将灯点亮两小时检测
	印刷（喷码）	印刷商标、功率、电流
	包装检测	检测功率、电流、功率因数是否达标
	包装	将整灯装盒、装箱打包包装

（2）班组长对照材料明细栏领取全部生产原材料、工具、仪器仪表，并对照电路图检查是否有遗漏元器件。

1）所需的电子元器件及材料明细栏，如表3-13所示。

表3-13　电子元器件及材料明细栏

序号	品名	图号位置	型号规格	数量	损耗率
1	二极管	$VD_1 \sim VD_5$	IN4007（编带）	5	1.00%
2	电阻	R_3、R_5	10Ω 1206（贴片）	2	1.00%
3	电阻	R_4、R_6	2.2Ω 1206（贴片）	2	1.00%
4	电阻	R_1、R_2	560kΩ 1206（贴片）	2	1.00%
5	触发二极管	DB_3	DB_3 玻封（编带）	1	1.00%
6	电容	C_1	CL21 473/400V	1	1.00%
7	电容	C_3	CL11 223/160V	1	1.00%
8	电容	C_4	CL11 102/1200V	1	1.00%
9	电容	C_5	CL11 473/400V	1	1.00%
10	电容	C_6	CL11 272/1200V	1	1.00%
11	电解	C_2	4.7UF/400V 5000H 8*16	1	1.00%
12	热敏电阻	PTC	300～500Ω 75℃	1	1.00%
13	晶体管	T_1、T_2	6852D-92 TS：2.0～2.5β：20-25	2	1.00%
14	工形电感	L_1	6×8 5mH	1	1.00%
15	磁环	L_2	10×6×4　3：9：3 综合因子450～500 L=1.3～1.6	1	1.00%
16	E型电感	L_3	EE16-4.1MH 气隙0.8mm；180℃对脚1、3	1	1.00%
17	保险电阻	FU	1.5A	1	1.00%

序号	品名	图号位置	型 号 规 格	数量	损耗率
18	插针	$F_1 \sim F_2$	二级引脚	2	1.00%
19	电路板		HDX-052C	1	1.00%
20	纤维套管	电解脚	ϕ 1 20mm	2	1.00%
21	电源线	S_1	24#75mm 一边剥 7 mm，一边剥 10mm	1	1.00%
22	电源线	S_2	24#75mm 一边剥 7 mm，一边剥 10mm	1	1.00%
23	灯管		T4 2U 115MM 6400K	1	1.00%
24	塑件下盖		P42 2U	1	1.00%
25	塑件上盖		P42 2U	1	1.00%
26	纤维套管	灯丝	ϕ 1 10mm	4	1.00%
27	灯头		E27 铁镀镍	1	1.00%

2）必备的工具和材料（每人一套）：

① 电子节能荧光灯套件 1 套。

② 焊接工具（如：30W 内热式尖头或斜口的电烙铁、焊锡丝、松香） 1 套。

③ 一字形和十字形的螺钉旋具 各 1 把。

④ 斜口钳、尖嘴钳 各 1 把。

⑤ 钢镊子 1 把，用于夹取小的元器件或元器件成型。

⑥ 测试夹具 每班组至少 1 套。

3）所需的仪表仪器：

① 万用表（指针和数字） 每班组至少 1 台。

② PF9800 智能电量测量仪 全班至少 1 台。

（3）由班组长分析生产任务，工艺员确定装配及调试工艺，质检员确定产品标准，让大家明确产品生产流程及生产要点。

2. 装配与检测过程的实施

（1）整机装配的基本顺序。

电子产品的整机装配是指把半成品装配成合格产品的过程，需要有多道工序，这些工序布置前后顺序是否合理直接影响到产品的质量、生产效率。

电子产品整机装配的基本顺序：先轻后重、先小后大、先铆后装、先装后焊、先里后外、先平后高。注意上道工序不得影响下道工序。

下面提供企业生产节能灯的流程图，如图 3-22 所示。

（2）整机装配的基本要求。

1）装配时要根据整机的结构情况，应用合理的安装工艺，采用经济、高效、先进的装配技术，使产品达到预期的效果，满足产品在功能、技术指标和经济指标等方面的要求。

2）严格遵循整机装配的顺序要求，注意前后工序的衔接。

3）在装配过程中，不得损伤元器件和零部件，避免碰伤机壳、元器件和零部件的表面涂敷层，不得破坏整机的绝缘性。应保证安装件的方向、位置、极性的正确，保证电气性能稳定，并有足够的机械强度和稳定度。

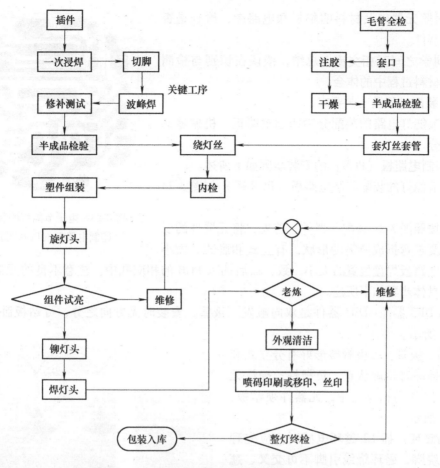

图 3-22　整灯生产流程图

4）小型机大批量生产的产品，其整机装配应在流水线上按工位进行。每个工位除应按工艺要求操作外，还要求工位的操作人员熟悉安装要求和熟练掌握安装技术，以保证产品的安装质量。应严格执行"三检"的原则，即自检、互检与专职调试检查。在装配中，每一个阶段的工作完成后都应进行检查，以分段把好质量关，从而提高产品的一次通过率。

（3）识别与检测元器件、材料。

整机装配前，对有关的元器件和材料必须进行检测，不合格的元器件和材料不允许投入生产线。检验合格的装配件（零部件和组件）必须保持清洁。

1）把本电路所用到的元器件按类别进行识别，注意观察其外形结构，并标注名称、标称值、允许误差、表示方法，电解电容需注明耐压等参数。

2）用数字式或指针式万用表测量元器件，并与标称值比较，注意误差分析，判别其质量好坏。

3）判断电解电容、二极管的极性，辨别出晶极管 e、b、c 极性的引脚，判别其质量的好坏。

4）灯管检查：检查灯管是否存在漏气、冷爆、脱粉、划伤、气线、断灯丝、破管等问题，并检查灯管与塑件胶合是否歪头；用高频火花器在每个灯管上扫射，观察灯管颜色是否异常或不亮，如有须筛选出并做好标识。

5）对照元器件及材料明细栏和电路图，检查是否有遗漏元器件。

6）同学之间互相交流、总结，谈谈在识别与检测元器件和材料过程中的体会。

（4）装配过程及工艺要求。

电子节能灯电路的装配分为印制电路板、机械零部件两大部分。

1）印制电路板（PCB）的安装步骤如下所述。

电子节能灯的装配印制电路板（PCB 图）如图 3-23 所示。

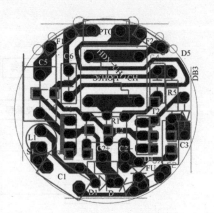

图 3-23　电子节能灯的装配
印制电路板（PCB 图）

① 按照图 3-23 装配元器件。首先，将元器件的引线按工艺要求弯折成所需的形状，有立式和卧式，大小应与印制电路板焊盘位置的大小一致，然后插入 PCB 的相应孔中。注意不良的元器件须区分放置。具体步骤如下所述。

a. 插 DB3 器件：DB3 器件是双向触发二极管，安装时无方向之分，可贴板卧式插装，如图 3-24 所示。

b. 插二极管：二极管整形好有分立式和卧式，在插件时须确认正、负极性，确认无误后插入 PCB 的相应孔中，元器件须贴板，如图 3-25 所示。

c. 插磁环：插 L2 磁环电感时，应先理顺磁环的绕脚，磁环绕线引脚不可交叉、翘脚，并将其按顺序插入 PCB 的 L2 孔位中，元器件须贴板。磁环绕线引脚（特别是去除绝缘层部分）不能相碰，以免引起短路，如图 3-26 所示。

d. 插插针：将插针插入 PCB 的 F1、F2 孔位中，小心推板，以免插针掉落，如图 3-27 所示。

a)　　　　　　　　b)

图 3-24　插 DB3 器件
a) DB3 器件　b) 插在电路板的位置

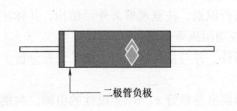

二极管负极

a)

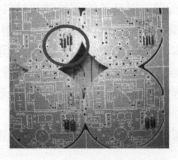

b)

图 3-25　插二极管
a) 二极管器件　b) 插在电路板的位置

a)

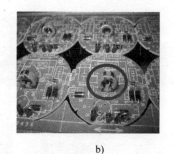

b)

图3-26 插磁环

a) 磁环 b) 插在电路板的位置

e. 插电容：将纤维套管套入电容的两个引脚中并将其插入 PCB 的 C1、C3 ~ C8 孔位中。如无要求，套套管直接将电容插入 PCB 的 C1、C3 ~ C8 孔位中，立式安装要把有标记面朝外，易于辨认。注意区分同样外形和颜色的电容，避免混料，如图 3-28 所示。

f. 插晶体管：将晶体管插入 PCB 的 T1、T2 孔位中。T1、T2 晶体管在插件时需确认引脚正确，如图 3-29 所示。

a)

b)

图3-27 插插针

a) 插针 b) 插在电路板的位置

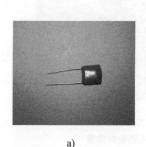

a)

b)

图3-28 插电容

a) 涤纶电容 b) 插在电路板的位置

g. 插电感：将电感按脚位插入 PCB 的 L3 孔位中，这个电感的外形类似小型变压器，自检电感的脚位是否正确，如图 3-30 所示。

h. 插 PTC 元器件：将纤维套管套入 PTC 的两个引脚中并将其插入 PCB 的 PTC 孔位中。如无要求，套套管直接将 PTC 插入 PCB 的 PTC 孔位中，如图 3-31 所示。

i. 插电解电容：将纤维套管套入电解电容插入 PCB 的 C2 孔位中。注意确认两个引脚的正、负极性要正确，绝对不能插反，否则，通电后会有爆炸危险，如图 3-32 所示。

j. 插工形电感：将工形电感按脚位插入 PCB 的 L2 孔位中，如图 3-33 所示。

k. 插金属膜电容：将电容插入 PCB 的 C1 孔位中，如图 3-34 所示。

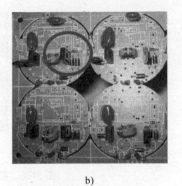

a)   b)

图 3-29　插晶体管

a）晶体管　b）插在电路板的位置

a)   b)

图 3-30　插电感

a）电感　b）插在电路板的位置

a)   b)

图 3-31　插 PTC 元器件

a）PTC 元器件　b）插在电路板的位置

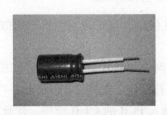

a)   b)

图 3-32　插电解电容

a）电解电容　b）插在电路板的位置

a)

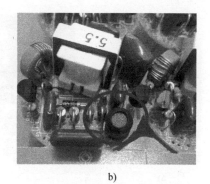
b)

图 3-33　插工形电感

a) 工形电感　b) 插在电路板的位置

a)

b)

图 3-34　插金属膜电容

a) 金属膜电容　b) 插在电路板的位置

l. 插电源线：将红色或黑色电源线（或保险管、保险电阻）插入 PCB 的 S1、S2 孔位中，短脚朝下，S1、S2 在插件时需确认方向正确，自检电源线是否有错件、漏件、翘脚、反向，如图 3-35 所示。

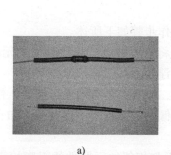
a)

b)

图 3-35　插电源线

a) 电源线　b) 插在电路板的位置

m. 插 NTC：将 NTC 插入 PCB 的 NTC 孔位中，如图 3-36 所示。

n. 插安规电容：将纤维套管套入电容的两个引脚中并将其插入 PCB 的 C0、C1 孔位中，如无要求，套套管可直接将电容插入 PCB 的 C0、C1 孔位中，如图 3-37 所示。

o. 插保险管：将保险管插入 PCB 的 FU 孔位中，如图 3-38 所示。

a)

b)

图 3-36　插 NTC

a) NTC　b) 插在电路板的位置

a)

b)

图 3-37　插安规电容

a) 安规电容　b) 插在电路板的位置

图 3-38　插保险管

② 检查上道工序是否有漏件、错件、插反、翘脚。

③ 自检这道工序所插的元器件是否有错件、漏件、翘脚等不良现象发生，确认无误后才流放下一道工序。

④ 注意在作业过程中严禁线路板重叠。

2）压件检查印制电路板（PCB）

印制电路板插完元器件要进行检查，具体操作步骤如下所述。

① 检查有无高件，没贴板的所有元器件，将它压贴板。视检卧插式元器件是否贴板，立式电阻、二极管的一端是否平贴于板上，有无浮起。

② 重点检验磁环是否交叉、翘脚、贴板，二极管是否有插反、漏件、错件。

③ 检查是否有漏件、错件、翘脚、插反、倾斜、多件等不良现象，如有需对其进行检修。

④ 检查高元器件或其他元器件的引脚是否与相邻的元器件的引脚相靠等造成短路问题，如有需对其进行检修。

⑤ 若多次发现不良或其他不符合要求的现象应及时反馈给前道工序予以改善。

注意：

● 检验过程中电路板严禁重叠。

● 检查电路板的元器件是否出现错插、漏插、折脚、插反、元器件变形等情况。错插是指插错孔、错件、型号错、厂家错、参数错等；漏插是指漏插、掉件等；折脚是指元器件的引脚不得打弯；插反是指元器件极性反等。
- 不良品需区分开放置。
- 对检验到不良现象进行修补。
- 对整个 PCB 组进行检验。
- 小心推板，以免元器件掉落。

3）印制电路板的焊接。

印制电路板插完元器件，经检查合格的板，可以采用手工焊接元器件，这可以锻炼对紧密型电路板的焊接能力。但随着电子技术的发展，电子元器件日趋集成化、小型化和微型化，电路起来越繁杂，印制电路板上元器件排列密度越来越高，手工焊接已不能同时满足焊接高效率和高可靠性的要求。浸焊和波峰焊是适应印制电路板而发展起来的焊接技术，可以大大提高焊接效率，并使焊接点质量有较高的一致性，在电子产品生产中得到普遍的使用。

这里介绍手工浸焊的作业步骤，仅供参考：

① 锡炉设置为定时开机时，查看电源指示灯是否亮。

② 每两个小时测试一次锡炉温度是否达到 240～270℃，并做好点检记录。

③ 将插好元器件的电路板装进夹具。

④ 检查印制电路板的元器件是否丢失或倾斜，并浸取助焊剂。

⑤ 将锡液表面的氧化物刮去，轻轻地将电路板放到锡槽中浸锡。

⑥ 将电路板提起时，手不要晃动，以夹具近身的一边为顶点慢慢地提起。

⑦ 印制电路板应整齐地排放在拖盘中，不能随意倾倒、重叠。

注意：

- 将电路板装进夹具，浸取助焊剂、浸锡时，手都要保持平衡。
- 浸取助焊剂要均匀，浸锡时间为 1～2s。
- 因机器设置为自动定时开机，因此任何时候电源开关都应打在"ON"位置。
- 小心推板，以免插针、电源线掉落，如图 3-39 所示。

查找焊接技术相关资料，比较手工焊接、浸焊和波峰焊的异同，本产品装配过程采用何种焊接方法最合适？你用什么方法？

4）印制电路板的检测。

仪器及工具：数显功率计、测试夹具、保险灯。

印制电路板的检测步骤如下所述。

① 视检零件引脚是否过长（零件脚长应不超过锡面 1.5mm），如果过长需用斜口钳对其进行剪脚。

图 3-39　手工浸焊

② 视检焊点是否有短路、锡桥、虚焊、锡薄、冷焊、包焊、未焊等不良现象。

如有上述不良现象需用烙铁进行检修，使用烙铁检修时，烙铁端头接触焊点的时间为不可超过 3s，以免造成焊点铜箔跷皮。

③ 视检上板是否有锡渣、锡球、插针纸未拔干净，如有次不良需清理掉。

④ 根据不同型号选用正确的测试夹具来测试灯管，并确认其是否正常。连接并安装好测试夹具及测试灯管。开启测试架供电开关，开启数字功率计电源开关，如图 3-40 所示。

a)   b)

图 3-40   电路板测试
a) 测试台   b) 连接并安装好测试夹具

⑤   将测试夹具（灯管部分）放于测试焊点再将另一支测试夹具（电源）放于测试焊点，并查看测试灯管是否全亮。如测试灯管不亮，保险灯亮说明 PCB 组里与之测试灯管相对应的 PCB 的整流器为不良品。

⑥   将测试的不良品从 PCB 组上拆下进行放电再整齐摆放于不良品框内。

⑦   测试没问题的 PCB 组放到流水线上，流到下道工序。在技术规定要求的额定电压和频率下进行测试，依据技术要求，判定其是否合格。

注意：

● 在测试过程中，如有发现仪器异常应立即终止测试，并通知工程部门修复后方可再次使用。

● 每批测试都必须依据相关的技术规定要求，来测试及判定是否良品，良品与不良品需区分清楚。

● 测试前需确认保护装置的灯泡是否能正常点亮。

● 测试过程中，不要触摸 PCB 上元器件及裸露的电线等，以免触电。

5）总装。

①   左手按住塑件的一边，右手用镊子将灯管上的 4 根灯丝拉直（如图 3-41 所示）。灯丝要拉起竖直，不能有交错，且要拉成排，拉灯丝时需小心，以免灯丝受损，或将芯柱拉断。

②   4 根灯丝的引线套上绝缘套，避免碰线短路，然后将这 4 条引线分别与电路板上的插针绕接，灯丝绕于插针脚上的圈数不得少于 3 圈。注意要缠绕紧但不能硬拉，不能松散，4 条灯丝两两之间不能相碰或相叉，否则会碰线短路，如图 3-42 所示。

图 3-41   拉灯丝

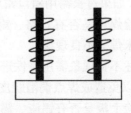

图 3-42   灯丝绕于插针上

③ 红电源线穿过灯头，在灯头上面焊接，注意红电源线的长度。

④ 黑电源线不用焊接，直接与外壳螺旋密封在一起即可。

这样一盏节能灯就全部安装完毕。

6）总装检测。

仪器及工具：PF9800 智能电量测量仪（如图 3-43 所示）、斜口钳、测试夹具。

图 3-43　PF9800 智能电量测量仪

图 3-44　整灯检测

检测的步骤：

① 测试前，先开启智能电量测量仪和测试架的电源。

② 从流水线上拿起上道工序流入已总装完的灯管。

③ 用斜口钳将电源线裸露引脚压平于灯头眼片上，并剪去多余引脚，使电源线引脚露出灯头中心孔的长度在 0.8~1.2mm 之间，如图 3-44 所示。

④ 测试时，待稳定，观察电压、电流、频率、功率是否在规定的范围内，若有不合格的需挑出来区分放置，待处理。

⑤ 点亮时，目测灯的色温是 2700K/4700K/6100K/6500K，将不良品区分放置并做好标识，若有测试不亮的送往维修。

⑥ 检验灯管是否存在漏气、冷爆、滑粉、划伤、气泡、断灯丝、破管等问题，并观察灯管是否歪管，如有须区分放置，并做好标识。

⑦ 测试完毕后，放入流水线让其流入下一道。

注意：

● 作业过程中须小心谨慎，避免触电。

● 测试过程中灯管须轻拿轻放，防止破损。

7）整灯的检验与包装（见项目 4）。

3.4.4 任务总结

（1）在老师指导下，各小组集中对本情境学习中小组成员制作的作品质量及参与表现情况作一次评价，将评价结果分别填入以下表格（对于打分部分请各小组讨论形成班级的统一评分标准），如表 3-14~表 3-17 所示。

表 3-14 作品自评表

评价员工：　　　　　　　　　　　评价项目：　　　　　　　　　　　日期：

评价指标	评价等级		
	合格	不合格	不合格原因说明
整机装配结构			
元器件布局是否合理			
焊点质量			
电路工作是否正常			
整体美观			

表 3-15 小组成员对作品互评表

评价员工：　　　　　　　　　　　学习项目：　　　　　　　　　　　日期：

评价指标 被评员工	整机装配 结构20分	元器件布 局20分	焊点质量 20分	电路工作 情况20分	整体美观 20分	合计100分

表 3-16 小组员工表现互评表

评价员工：　　　　　　　　　　　学习项目：　　　　　　　　　　　日期：

评价指标 被评员工	出勤情况 （15分）	创新性 （15分）	团队协作 （30分）	贡献度 （40分）	合计 （100分）

（2）按照评价表的评价项目、评价标准和评价方式，对完成本学习与工作任务的过程与结果进行全面评价。

表3-17　任务3.4的评价表

班级		姓名		学号	

评价方式：学生自评

评价项目	评价标准	评价结果			
		4	3	2	1
明确学习目标和学习任务，制订学习计划	4分：明确学习目标和任务，立即讨论制订切实可行的学习计划 3分：明确学习目标和任务，30min后开始制订可行学习计划 2分：明确学习目标或者学习任务，制订的学习计划不太可行 1分：不能明确学习目标和学习，基本不能制订学习计划				
小组学习表现	4分：在小组中担任明确的角色，积极提出建设性建议，倾听小组其他成员的意见，主动与小组成员合作完成学习任务 3分：在小组中担任明确的角色，提出自己的建议，倾听小组其他成员的意见，与小组成员合作完成学习任务 2分：在小组中担任的角色不明显，很少提出建议，倾听小组其他成员的意见，被动与小组成员合作完成学习任务 1分：在小组中没有担任明确的角色，不提出任何建议，很少倾听小组其他成员的意见，与小组成员不能很好合作完成学习任务				
独立学习与工作	4分：学习与工作过程与学习目标高度统一，以达到专业技术标准的方式独立完成所规定的学习与工作任务 3分：学习与工作过程与学习目标相统一，以达到专业技术标准的方式在合作中完成所规定的学习与工作任务 2分：学习与工作过程与学习目标基本一致，以基本达到专业技术标准的方式在他人的帮助下完成所规定的学习与工作任务 1分：参与了学习与工作过程，不能以达到专业技术标准的方式完成所规定的学习与工作任务				
获取与处理信息	4分：能够开拓创造新的信息渠道，从日常生活和工作中随时捕捉完成学习与工作任务有用的信息，并科学处理信息 3分：能够独立地从多种信息渠道收集完成学习与工作任务有用的信息，并将信息分类整理后供他们分享 2分：能够利用学院信息源获得完成学习与工作任务有用的信息 1分：能够从教材和教师处获得完成学习与工作任务有用的信息				
学习与工作方法	4分：能够利用自己与他人的经验解决学习与工作中出现的问题，独立制订完成工作任务的方案并实施 3分：能够在他人适当的帮助下解决学习与工作中出现的问题，制订完成工作任务的方案并实施 2分：能够解决学习与工作过程中出现的专业问题，在合作的方式下制订完成工作任务的方案并实施 1分：基本不能解决学习与工作中出现的问题				

（续）

班级		姓名		学号	

评价方式：学生自评

评价项目	评价标准	评价结果			
		4	3	2	1
表达与交流	4分：能够代表小组用标准普通话以符合专业技术标准的方式汇报、阐述小组学习与工作计划和方案，并在演讲的过程中恰当地配合肢体语言，表达流畅、富有感染力 3分：能够代表小组用普通话以符合专业技术标准的方式汇报、阐述小组学习与工作计划和方案，表达清晰、逻辑清楚 2分：能够汇报小组学习与工作计划和方案，表达不够简练，普通话不够准确 1分：不能代表小组汇报与表达，语言不清，层次不明				

评价方式：教师评价

评价项目	评价标准	评价结果			
准备工作	10分：能够根据生产任务提供材料清单进行备料，能识别选择合理的元器件和材料，并能检测筛选质量好坏；能根据生产项目选择所需的仪表仪器和工具 8分：能够根据生产任务提供材料清单进行备料，能识别选择合理的元器件和材料，检测方法不够熟练；能根据生产项目选择所需的仪表仪器和工具 6分：能够根据生产任务提供材料清单进行备料，能选择合理的元器件和材料，但识别与检测方法不够熟练；能根据生产项目选择所需的仪表仪器和工具 4分：不能选择合理的元器件和材料，不会识别与检测方法；不能根据生产项目选择所需的仪表仪器和工具	10	8	6	4
焊接质量	8分：按规范要求焊接，焊点质量符合要求 6分：按规范要求焊接，有个别焊点不符合要求 4分：基本按规范要求焊接，有较多焊点不符合要求 2分：不按规范要求焊接，焊点质量不符合要求	8	6	4	2
电路结构与外观	12分：能按规范要求插接，元器件高低位置及引脚成形合理美观 10分：能按规范要求装配，个别元器件高低位置及引脚成形不合理，影响美观 8分：基本能完成装配，多个元器件高低位置及引脚成形不合理 4分：不会能按规范要求装配	12	10	8	4
整机结构与外观	10分：整机结构紧凑、合理、可靠，外观无损伤，封口完整美观 8分：整机结构紧凑、合理、可靠，外观有损伤 6分：整机结构紧凑、合理、可靠，外观无损伤，封口焊接不美观 4分：整机结构不可靠，外观有损伤，封口不美观	10	8	6	4

评价方式：教师评价

评价项目	评价标准	评价结果			
功能特性	16分：节能灯点亮正常、起动快速、亮度稳定，符合节能灯产品各项技术标准 12分：节能灯点亮正常，但起动慢 8分：节能灯起动慢、点亮有频闪，亮度不稳定 4分：节能灯不能点亮	16	12	8	4
次品扣分	-10分：8%以上的产品返修率，并出现多次维修 -5分：4%以上的返修率	-10		-5	
安全意识	4分：遵守安全生产规程 1分：存在违规操作或者存在安全生产隐患	4		1	
学习与工作报告	8分：按时、按要求完成学习与工作报告，能够发现自己的缺陷并提出解决的措施，书写工整 6分：按时、按要求完成学习与工作报告，书写工整 4分：推迟完成学习与工作报告，书写工整 2分：推迟完成学习与工作报告，书写不工整	8	6	4	2
日常作业测验口试	8分：无迟到、早退、旷课现象，按时正确完成作业，回答问题流利正确 6分：无迟到、早退、旷课现象，按时基本正确完成作业，回答问题基本正确 4分：无旷课现象，完成作业 2分：缺作业且出勤较差	8	6	4	2

综合评价结果

（3）整机装配与调试完毕，每人必须写出一份工作报告。

（4）初步编制一套装配的工艺文件。

任务3.5 数字万用表的装配与调试

通过本任务的学习，在老师的指导下应该能够：

（1）通过各种信息渠道收集与组装仪表类电子产品有关的专业知识和信息。查阅中华人民共和国数字万用表国家标准 GB/T13978。

（2）熟悉数字万用表 DT830D 电路的基本原理。

（3）会识别与检测有关的元器件，并判别其质量的好坏。

（4）较为熟练地使用相关的工具及调试、检验所需的仪器设备。

（5）能按照生产数字万用表的工艺要求进行整机装配。

（6）会按照数字万用表 DT830D 的标准对电路的进行调试和检验。

3.5.1 任务描述

以数字万用表（DT830D）为载体，也可用指针式万用表、钳形表或其他仪表为载体，模拟企业生产车间来完成本任务，也可以独立完成。

参加实训的学生，根据企业生产部下达的生产任务（订单），在规定的时间内，以高效、经济的方式，按照生产工艺的要求，装配和调试相应的产品（数字万用表 DT830D 产品）。产品需要经过质量检验后，符合数字万用表（DT830D）国家标准 GB/T13978，才能入库。

在完成本工作任务过程中可以学习所需要的背景知识、熟悉数字万用表（DT830D）产品生产加工的完整工作流程以及质量检验方法，使学生在装配与调试电子产品方面逐步由初学者到熟练者。

需要提交的成果：数字万用表（DT830D）的实物作品、工作报告。

3.5.2 任务相关知识

1. DT830D 数字万用表的简介

DT830D 数字万用表与 DT830B 数字万用表相比，基本相同，只不过多了一个蜂鸣器和一个方波脉冲输出，都是属于常用的便携式 3 位半数字式检测仪表。DT830D 数字万用表的制作技术成熟、应用广泛、价格便宜，具有测量精度高、输入电阻大、读数直观、功能齐全、体积小巧等优点，又是电学必备的测量工具，所以与电类有关专业的学生亲自组装一台万用表，受益匪浅，在以后学习实践中使用它，很有成就感。

2. DT830D 数字万用表的工作原理

DT830D 仪表框图如图 3-45 所示。DT830D 数字万用表电路的核心是一片大规模集成电路 ICL7106，该芯片内部包含双积分 A/D 转换器、显示锁存器、七段译码器和显示驱动器。工作原理：当 DT830D 仪表被输入电压或电流信号时，经过开关选择器转换成一个 0～199.9mV 的直流电压。例如输入信号 100VDC，就用 1000∶1 的分压器获得 100.0mVDC；输入信号 100VAC，首先整流为 100VDC，然后再分压成 100.0mVDC。电流测量则通过选择不同阻值的分流电阻获得。采用比例法测量电阻，方法是利用一个内部电压源加在一个已知电

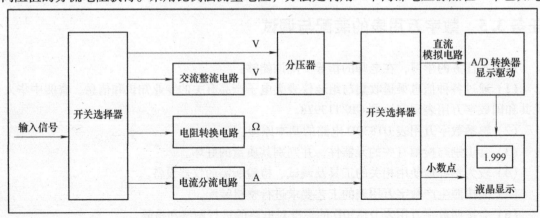

图 3-45　DT830D 仪表的框图

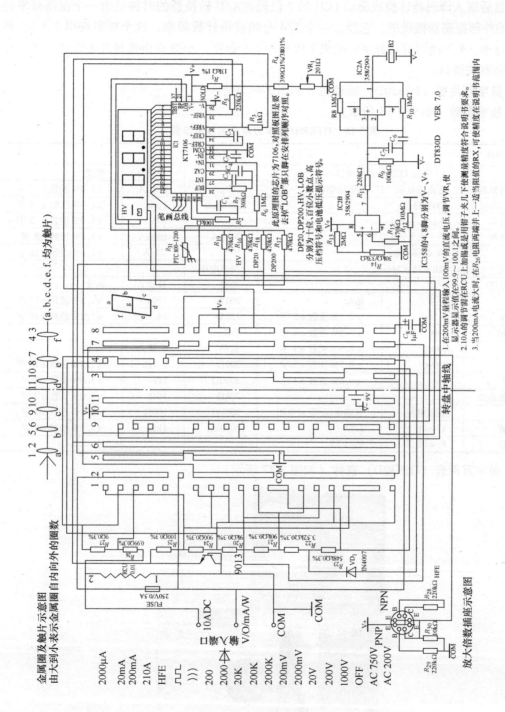

图 3-46 数字万用表（DT830D）原理图

阻值的系列电阻和串联在一起的被测电阻上。被测电阻上的电压与已知电阻上的电压之比值，与被测电阻值成正比。输入 ICL7106 的直流信号被接入一个 A/D 转换器，转换成数字信号，然后送入译码器转换成驱动 LCD 的 7 段码。A/D 转换器的时钟是由一个振荡频率约 48kHz 的外部振荡器提供的，它经过一个 1/4 分频获得计数频率，这个频率获得 2.5 次/秒的测量速率。4 个译码器将数字转换成 7 段码的 4 个数字，小数点由选择开关设定。详细技术可查阅有关资料。

3. 数字万用表（DT830D）**原理图**（如图 3-46 所示）

4. 技术参数（如表 3-18 所示）

表 3-18　DT830D 数字万用表的技术参数

一般特性			直流电流		
显示	3 1/2 位 LCD 自动极性显示		量程	分辨力	精度
超量程显示	最高位显示"1"其他位空白		200μA	0.1μA	±1.0%读数 ±.3 字
最大共模电压	500V 峰值		2000μA	1μA	±1.0%读数 ±.3 字
贮存环境	−15℃ ~50℃		20mA	10μA	±1.0%读数 ±.3 字
温度系数	小于 0.1 × 准确度/℃		200mA	100μA	±1.5%读数 ±5 字
电源	9V 叠层电池		10A	10mA	±2.0%读数 ±10 字
外形尺寸	128 ×75 ×24mm		交流电压		
直流电压			量程	分辨力	精度
量程	分辨力	精度	200V	100mV	±1.2%读数 ±10 字
200mV	0.1mV	±0.5%读数 ±2 字	750V	1V	±1.2%读数 ±10 字
2000mV	1mV	±0.5%读数 ±3 字	电阻		
20V	10mV	±0.5%读数 ±3 字	量程	分辨力	精度
200V	100mV	±0.5%读数 ±3 字	200Ω	0.1Ω	±1.0%读数 ±10 字
1000V	1V	±0.8%读数 ±3 字	2000Ω	1Ω	±1.0%读数 ±2 字
晶体管检测			20kΩ	10Ω	±1.0%读数 ±2 字
量程	测试电流	开路电压/测试电压	200kΩ	100Ω	±1.0%读数 ±2 字
二极管	1.4mA	2.8V	2000kΩ	1kΩ	±1.0%读数 ±2 字
晶体管	$I_b = 10μA$	$V_{ce} = 3V$			

5. 数字万用表（DT830D）**套件**（如图 3-47 所示）

图 3-47　数字万用表（DT830D）套件

3.5.3 任务实施

1. 前期准备

（1）班组成员分工。

根据学生数量把全班分成 2 ~ 3 个班组，每组以 12 ~ 18 人为宜，为提高团队成员的凝聚力，每组模拟企业的一个生产车间，并各自取一个名称。每组成员在老师的指导下，分析确定生产过程需要几道工序，然后分配小组各成员就岗，以生产班组为单位共同协作完成生产任务。每组成员角色可以互换轮流，也可以通过多轮生产后竞聘取得，如表3-19 所示。

说明：也可以独立完成整机的装配与调试。

表3-19　班组名单表

车间名称：

成员名单	职务	岗位职责
	线长（班长）	协调整个生产和物料分配
	工艺及巡检员	复杂工装器具的分配和使用培训
	插件员1	排板和表头周边元器件
	插件员2	精密电阻元器件
	插件员3	电容及电位器等
	焊接	焊接元器件及剪断元器件引脚
	总装装配	组合安装整机配件
	调试兼维修	各项指标的检验和不合格的维修
	产品指标检验	检验各种指标
	成品检验及包装	检验外观及包装情况

（2）线长对照材料明细栏领取全部生产原材料、工具、仪器仪表，并与工艺及巡检员共同对照电路图检查是否有遗漏元器件。

1）数字万用表（DT830D）套件元器件明细栏，如表3-20 所示。

表3-20　元器件明细栏

序号	名称	标号	型号	数量	序号	名称	标号	型号	数量
1	电阻	R_{10}	0.99Ω	1	16	电阻	R_{32}	1.5 ~ 2kΩ	1
2	电阻	R_8	9Ω	1	17	电阻	$R_{2/10}$	470kΩ	2
3	电阻	R_{20}	100Ω	1	18	电阻	R_{28}	10MΩ	1
4	电阻	R_{21}	900Ω	1	19	电阻	R_{17}	2MΩ	1
5	电阻	R_{22}	9kΩ	1	20	电阻	R_5	1kΩ	1
6	电阻	R_{23}	90kΩ	1	21	瓷片电容	C_1、C_6	100pF	2
7	电阻	$R_{24/25/35}$	117kΩ	3	22	独石电容	C_2、C_3、C_4、C_7	100nF	4
8	电阻	$R_{26/27}$	274kΩ	2	23	金属化电容	C_5	100nF	1
9	电阻	R_6	3kΩ	1	24	晶体管	VT_1	9013	1
10	电阻	$R_{7/11}$	30kΩ	2	25	二极管	VD_7	4148	1
11	电阻	$R_{30/1}$	100kΩ	2	26	二极管	VD_3	1N4007	1
12	电阻	R_4	150kΩ	1	27	层叠电池		直流9V	1
13	电阻	$R_{18/19/12/13}$	220kΩ	4	28	芯片	IC	LM358	1
14	电阻	$R_{14/29}$	220kΩ	2	29	熔丝		0.5A	1
15	电阻	$R_{3/31/39}$	1MΩ	3	30	蜂鸣片			1

元器件清单实物如图3-48 所示。

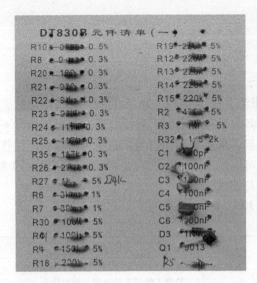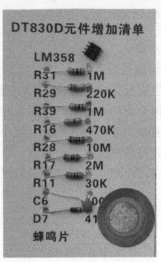

图 3-48　元器件清单实物图

其他零部件如表 3-21 所示。

表 3-21　其他零部件

机壳部分		袋装部分	
名称	数量	名称	数量
上下外壳	1	熔丝管、座	1
液晶显示器	1	圆形 HFE 座	1
液晶片支架	1	V 型触片	6
档位转动旋钮（量程开关）	1	9V 叠层电池	1
功能面板	1	电池扣（6.5cm）	1
屏蔽纸（客户需求时配）	1	导电胶条	1
电路板部分		钢珠 ϕ3mm	2
DT830D 的 PCB（已绑定 ICL7106、已贴 LM358）	1	齿轮弹簧	2
表笔插孔钢柱	3	自攻螺钉 2×6（锁电路板）	3
附件		2.5×9 自攻螺钉（锁后盖）	2
纸卡	1	微调电阻器 220Ω（VR1）	1
测试表笔	1	锰铜丝电阻（RCU）1.6×40	1
说明书	1	接地弹簧 ϕ4×13.5（需求时配）	1
电路图及插件图各 1 张	1		

说明：ICL7106 已经绑定在印制电路板上，这种方式一般称为 COB（Chip On Board）封装，绑定后已经过测试。

2）必备的工具和材料：（每人一套）。

①　DT830D 数字万用表套件　　1 套

②　焊接工具（如：30W 内热式尖头或斜口的电烙铁、焊锡丝、松香）　　1 套。

③　一字形和十字形的螺钉旋具　　各 1 把。

④ 斜口钳、尖嘴钳　各1把。

⑤ 钢镊子1把，用于夹取小的元器件或元器件成型，如图3-49所示。

3）所需的仪表仪器。

① 万用表　每班组1台。

② 万用表校验仪　1台（图3-50所示为JH-1定点输出交直流标准源），包含有交、直流电压源和交、直流电流源，作为标准信号源，用于检验交、直流电压档和交、直流电流档；以及提供标准电阻，用于检验欧姆档。

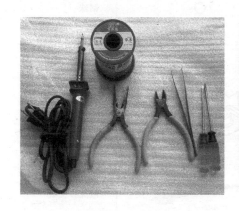 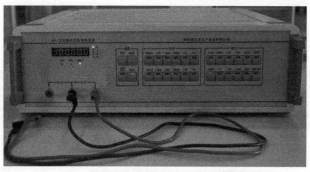

图3-49　装配工具　　　　　　　　图3-50　JH-1定点输出交直流标准源

（3）为了完成本工作任务，要做好以下知识点的查阅或者学习。

1）有关电子元器件、保险管、绑定集成块等识别与检测的知识。

2）企业生产线装配与调试数字万用表的要求、标准、注意事项等有关知识。

3）在印制电路板上焊接元器件的一般装配原则。

4）整机装配与调试的基本要求。

2. 装配与调试过程的实施

（1）装配前的准备

1）识别、检测和筛选电子元器件、零部件。

对于装配所需的元器件和材料，要进行认真的检验和筛选，剔除不合格的。

① 静态检查：先检查所有元器件和零部件表面有无损伤、变形，几何尺寸是否符合要求，型号规格是否与电路要求相符。注意观察本电路所用到的元器件的外形结构（如表3-22所示），按类别进行分组，读出它们的标称值、允许误差、表示方法，电解电容需标注极性和耐压。

表3-22　元器件和零部件实物图

实物图	名称	实物图	名称
	电阻		滑动V形接触片

实物图	名称	实物图	名称
	锰铜丝电阻		表笔输入插座
	二极管		钢珠
	档位转动旋钮（量程开关）		电池扣
	导电橡胶		液晶片支架
	液晶显示片		保险管
	晶体管测试座		保险管座
	金属化电容		瓷介电容
	电解电容		微调电阻器

② 用数字式或指针式万用表测量元器件把测量值与标称值比较，注意误差分析，判别其质量好坏。如何用指针式万用表测量电解电容的极性？

③ 如何用指针式万用表判别二极管的引脚及判别其质量的好坏？

2）零部件的加工。

对需要加工的零部件，根据工艺文件的要求进行加工处理，如需焊接的零部件引脚，需去除氧化层和镀锡。

3）导线加工。

按工艺文件要求裁剪、剥线、捻头、上锡、清洗，以备装配时使用。

（2）装配过程及工艺要求

由组长分析生产任务，工艺员确定装配及调试工艺文件，质检员确定产品检验标准，让大家明确产品生产流程及生产要点。DT830D数字万用表的装配流程图如图3-51所示。

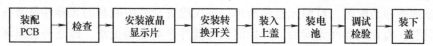

图3-51　DT830D数字万用表的装配流程图

装配过程是整机装配的主要生产工艺，它的好坏直接决定产品的质量和工作效率，是整机装配的重要环节。

本电路的装配分为印制电路板的安装、显示部分的安装、机械零部件的安装3大部分。

1）印制电路板（PCB）的安装。

本电路的印制电路板的装配图如图3-52所示。

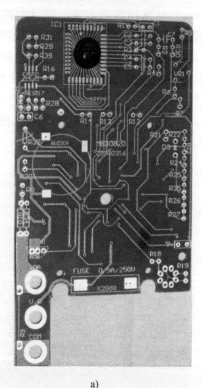
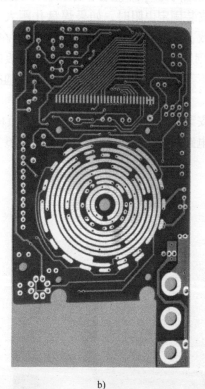

a) b)

图3-52　印制电路板的装配图

a) 插元器件面 b) 焊接面

根据工艺文件的要求进行插装元器件，认真观察本电路所用的印制电路板，它是一个带绑定IC的双面印制电路板。板的正面（如图3-52a所示）有丝印图案标有所要装配元器件的符号，标明了每个元器件的位置和方向，装配时要对号入座，在没有特别指明的情况下，元器件必须从板的正面插入，不能插错孔；板的反面（如图3-52b所示）为焊接面，中间圆形的印制铜导线是万用表的功能和量程转换开关电路，在整个装配过程中都要保持其整洁，铜箔上不能有损伤或污迹、残留焊锡，否则将会严重地影响整机的电气性能。注意观察元器件应从哪一面插入焊孔，哪一面焊接？特殊元器件（如晶体管测试座、表笔输入座、锰铜丝电阻）应从哪一面插入焊盘？

　　首先对制作的产品要有一定的了解，拿到实训套件后，先粗略查看元器件是否完整，分析其相关原理图和装配图，对照元器件清单，再次检查套件中配套的元器件是否有缺失或型号不对等问题。检查元器件无误后，开始测试元器件参数是否正常，即是否有损坏的，要确保每个元器件都能正常工作才能进行产品的装配。然后按装配电路板上的标号，按相应的元器件装配在电路板上，用电烙铁将元器件焊接在对应的焊盘上。元器件全部焊接上后，必须把过长的引脚剪去，防止短路，看起来也更整齐。装配过程如下所述。

　　① 焊接集成电路LM358，它是一个贴片器件，引脚间距很近，焊接有一定难度，一定要小心，防止焊接短路。

　　② 安装电容。把电容C1～C7插到对应的位置上，片状电容一般采用立式安装，与印制电路板的距离为3mm左右，标识朝外或易于辨认的方向，并焊接，如图3-53所示。

　　③ 安装固定电阻时，如果焊盘孔距大于8mm，可采用卧式安装，卧式电阻的色环方向应该一致，从左到右，一般额定功率在1/4W或以下的电阻可贴板安装；如果焊盘孔距小于5mm，则应采用立式安装，与印制电路板的距离为3mm左右，立式电阻的色环方向应该一致，从下至上，如图3-54所示。微调电阻器采用立式安装，标识朝上，如图3-55所示，并焊接。

　　④ 安装二极管时，要注意辨认正、负极性，二极管标识的色带，要指向二极管符号的顶端，与电路板上一致。并焊接，如图3-56所示。

图3-53　插电容

图3-54　插装电阻示意图

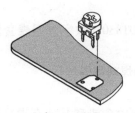

图 3-55 插装微调电阻

色带

D1

图 3-56 安装二极管

⑤ 安装晶体管测试座时，要从印制电路板的背面插入，确认测试座上的定位凸头应与外壳对准，在正面焊接，注意各引脚不能短接。确认晶体管 8 脚测试座能够容易通过面盖上的对应孔，如果不能，要将面盖上的孔边毛刺修整，直到容易穿过。不要硬推测试插座的引脚，以免损坏它。

⑥ 安装保险管座、表笔输入插座、接地弹簧，如图 3-57 所示。

将两保险管座从元器件面插入线路板对应孔，确认保险管座上的档片向外，然后保险管座焊接在线路板上。

将输入插孔小的一头从印制电路板元器件面装入印制电路板对应的焊盘孔，从元器件面将输入孔焊接在印制电路板上，焊锡要求流满整个焊盘。

⑦ 安装锰铜丝电阻，将锰铜丝电阻，从元器件面插入线路板对应孔，要求锰铜丝电阻高出印制电路板元器件面 5mm，从元器件面将锰铜丝电阻焊接在印制电路板上。不能紧贴电路板，离板的高度与表的测量精度有关，调试时再调整。

⑧ 安装电池线，将电池扣的连线从焊接面穿过印制电路板上如图 3-57 中的两个孔，将红线插入（V＋）标志孔，黑红插入（V－）标志孔，然后将电池线焊接在印制电路板上。

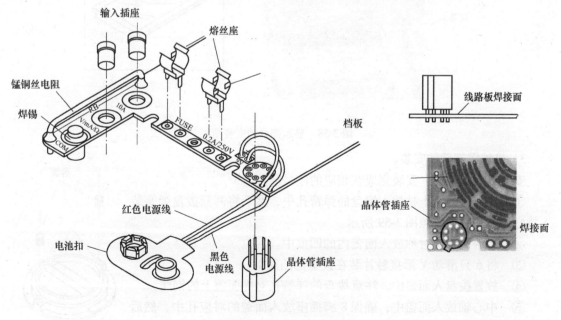

图 3-57 零件安装图

⑨　焊接时注意事项如下所述。

a. 印制电路板的焊接要规范，好的焊接方法是安装 DT830D 数字万用表套件重要的因素之一。

b. 推荐使用铅锡合金松香心焊锡丝。禁止使用酸性助焊剂焊锡丝！

c. 随时保持烙铁头的清洁和镀锡。

d. 焊接时注意防护眼睛，不要将焊锡放入口中，焊锡中含铅和其他有毒物质，手工焊接后须清洁双手。

e. 确信焊接现场有足够的通风。

2）显示部分的安装。

液晶片的镜面为正面，用来显示数字，背面是银白色，仔细看在两个透明条上可见到许多条状引线为引出电极，通过导电橡胶条的斑马线与电路板上印制导线接触实现电气连接，因此双方导电接触面必须保持清洁，对准相应的引线位置。若导电面被污染或接触不良，则显示屏上将会显示出缺笔划或乱码等故障。

从液晶片表面揭去透明保护膜（注意：不要揭去背面的银色衬背）。在正面盖的里边依次放入液晶片、液晶片支架以及导电橡胶条，确保液晶片上的小凸头的方向朝右，参照示意图如图 3-58 所示。

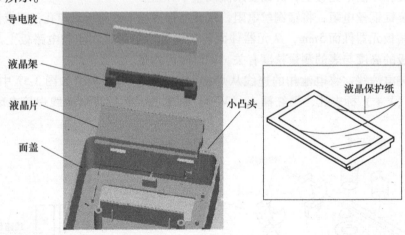

图 3-58　显示部分的安装图

3）机械零部件的安装。

安装下列零部件，安装完成在相应的序号前打"√"。

①　取一点白凡士林放入拨盘的弹簧孔中，然后将两只拨盘弹簧装入拨盘弹簧孔中，参照图 3-59 所示。

②　将两只钢珠对称放入面盖内的凹痕中。

③　将 6 只滑动 V 形接触片装在拨盘的凸筋上。

④　放置拨盘入面盖中，注意拨盘的弹簧孔对准面盖上的钢珠。

⑤　中心轴放入面盖中，确保 8 脚插座放入面盖的对应孔中，然后用 3 只 6mm 螺钉紧固线路板。

⑥　将 0.5A/250V 保险管装入保险管座中。

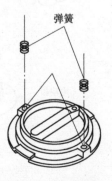

图 3-59　拨盘安装图

⑦ 将功能面牌的不干胶衬底剥离，然后将功能面牌贴在面盖上。

⑧ 将9V电池装入电池扣上，注意正、负极，并置于电池仓，如图3-60所示。

（3）数字万用表（DT830D）的调试

电子产品的调试包括调整和测试两部分，通常统称为调试。电子产品装配完成之后，必须通过调整和测试才能达到规定的技术要求。装配工作只是把电子元器件按照电路要求连接起来，由于每个元器件参数的特性差异，其综合结果会使电路性能出现较大的偏差使整个电路的各项指标达不到设计要求。在电子行业有句话"三分装、七分调"，可见电子产品调整和测试的重要性。

1）正常显示参数指标。

装配完，不要连接测试笔到仪表，转动拨盘，仪表在各档位的显示值如表3-23所示,负号（−）可能会有闪动显示，另外尾数有一些数字的跳动也是算正常的。8表示空白。

如果仪表各档位显示与上述所列不符，请确认以下事项。

① 检查电池电量是否充足，连接是否可靠。

② 检查各电阻的值是否正确。

③ 检查各电容的值是否正确。

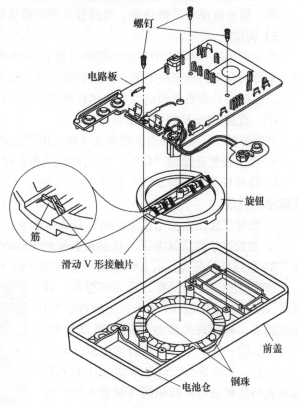

图3-60 零部件的安装图

表 3-23 未测试时的显示值

功能量程		显示数字	功能量程		显示数字
DCV	200mV	00.0	h_{FE}	晶体管	000
	2000mV	000	Diode	二极管	1
	20V	0.00	OHM	200Ω	1
	200V	00.0		2000Ω	1
	1000V	000		20kΩ	1
DCA	200μA	00.0		200kΩ	1
	2000μA	000		2000kΩ	1
	20mA	0.00	通断测试	30Ω 以下	1
	200mA	00.0			
	10A	0.00			

④ 检查印制电路板焊接是否有短路、虚焊、漏焊。

⑤ 检查滑动连接片是否接触良好。

⑥ 检查液晶片、斑马条、电路板是否正确连接。

2）调试。

数字万用表（DT830D）的功能和性能指标的准确级是由集成电路（ICL7106）及其外围元器件的合理选择来决定的，只要确保套件中电路板绑定的集成块性能稳定，装配元器件无误，装配完只需简单调试，如调试校准200mV档和10A档，即可达到理想的设计指标。

① 直流200mV档的校准。

校准方法一：要有万用表校验仪（如：JH-1定点输出交直流标准源），作为标准信号源。

a. 黑色表笔连接到"COM"端，红色表笔连接到"VΩmA"端。

b. 将被校准表的拨盘开关转到200mV档位（注意转动开关时尽量沿顺时针方向，以防滚珠滑出脱落）。

c. 校验仪输出直流电压100mV，作为标准电压源。

d. 被校准表测量其电压，观察是否显示100mV。若显示不准确，需调整表内微调电阻器VR1直到被校准表显示100mV即可，如图3-61所示。

校准方法二：若没有万用表校验仪，就取另一块已校准仪表（4位半以上的数字表）做监测表，将两表的拨盘开关转到20V档，两表测量同一个小于20V的直流电压（例如9V电池），调整表内微调电阻器VR1直到被校准表与监测表的读数相同（注意不能用被校准表测量自身的电池）。当两个仪表读数一致时，待测装配表就被校准了。

② 直流10A档的校准。

a. 黑色表笔连接到"COM"端，红色表笔连接到"VΩmA"端。

图3-61　校准直流200mV档

b. 将被校准表的拨盘开关转到直流10A档（注意转动开关时尽量沿顺时针方向，以防滚珠滑出脱落）。

c. 调校验仪输出直流5A、电压5V左右的直流标准源。

d. 按如图3-62所示连接测试电路，串联一个10Ω、25W的电阻，观察被校准表是否显示5A。如果仪表显示高于5A，焊接在10A和COM输入端之间的锰铜丝长度应缩短（或用电烙铁在锰铜丝上加点锡，增大锰铜丝的横截面积，以减小其电阻值），直到仪表显示5A为止；如果仪表显示小于5A，锰铜丝的长度应加长（或用钳子把锰铜丝夹扁些，减小锰铜丝的横截面积，以增大其电阻值），直到仪表显示5A为止。

e. 如果校准错误，请检查R_{26}、R_{27}、R_9的电阻值和各表头电容的电容值是否有误，检查电路板是否有焊锡短路、焊接不良等现象。

校准以上两档后，装配的万用表就调试好了。

③ DT830D数字万用表多了蜂鸣器档和方波输出档，也可以调试。

a. 将待测表量程开关旋转至音频通断测试档（与二极管档同档），两表笔短接或者输入

30Ω 以下的电阻，蜂鸣器应能发声，声音应清脆
无杂音，输入 100Ω 以上不发声。

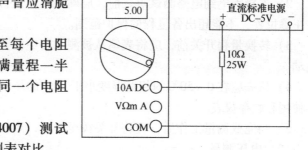

图 3-62　直流 10A 档校准

　　b. 将待测表量程开关分别旋转至每个电阻
档，应显示"1"。然后用每个电阻档满量程一半
数值的电阻测试各档，与监测表测量同一个电阻
的值比较，应在误差允许范围内。

　　c. 用一个好的硅二极管（如 1N4007）测试
二极管档，读数应在 600 左右，与监测表对比。

　　d. 如果上面的测量有问题，检查各电阻的数
值和焊接是否正常。

　　e. 方波输出检测：将待测表功能旋钮转至"⊓⊔"方波档，应可以检测到 50Hz 的频
率且屏幕只显示"1"。

　　④　另外介绍调试的技巧。

　　当量程开关置于 OFF 时，显示屏应是暗的，无任何显示；若量程开关转向偏左或偏右
一个档位时，在液晶显示屏左上角会显示一个 HV（高压）标志，其余档位不能有该符号。
200mV 档应显示 3 个 0，若出现有数值（如 002），解决方法是用电吹风吹或者直接晒太阳
（约半个小时），提高温度除湿。

　　（4）安装后盖

　　经过调试、校准好的装配表，就可以安装后盖了，用两只 10mm 的螺钉紧固后盖。参照
图 3-63 所示的后盖安装图。

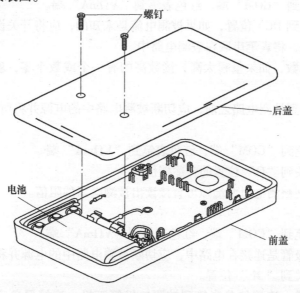

图 3-63　后盖安装图

3. DT830D 数字万用表的使用方法

（1）使用 DT830D 数字万用表的注意事项。

1）确认电池与电池扣连接可靠并放入电池仓中。

2）连接表笔到电路测试点之前，应确认表笔是否正确插入输入插孔，量程开关应选择在正确位置，不能超出各量程的保护范围。

3）转换量程开关前，应将表笔从被测电路中移开。转换量程开关最好是按顺时针方向拨动。

4）仪表应在 0～50℃ 的相对湿度小于 80% 的环境中使用，不能在阳光直照或高温环境中使用和贮存仪表。

5）当完成测量工作后，应将开关拨至 OFF，当长期不使用仪表时，应将电池取出。

（2）电压测量。

1）连接黑色表笔到"COM"端，红色表笔到"VΩmA"端。

2）设置量程开关到"DCV"或"ACV"位置，如果被测电压是未知的，应将开关设置到最高量程。

3）连接表笔到测试点并在显示屏上读数，如果量程太高，应逐步减小到合适的量程。

（3）直流电流测量。

1）大电流测量（200mA～10A）。

a. 连接黑色表笔到"COM"端，红色表笔到"10ADC"端。

b. 设置量程开关到"10A"位置。

c. 断开被测电路，将表笔串联在被测电路中。

d. 读出显示值，如果显示值小于 200mA，按下面的小电流测试步骤测量。

e. 在测试棒连接到被测电路之前，应切断被测电路中的电源并将所有电容放电。

2）小电流测量（<200mA）。

a. 连接黑色表笔到"COM"端。红色表笔到"VΩmA"端。

b. 设置量程开关到 DCA 位置，如果被测电流是未知的，应将开关设置到最高量程。

c. 断开被测电路，将表笔串联在被测电路中。

d. 在显示屏上读数，如果量程太高，读数高的有一个或数个零，就逐步减小到合适的量程。

e. 在将表笔连接到被测电路之前，应切断被测电路中的电源并将所有电容放电。

（4）电阻测量。

1）连接黑色表笔到"COM"端，红色表笔到"VΩmA"端。

2）设置量程开关到"Ω"位置的合适档位。

3）将表笔连接到被测电阻两端即可直接读出被测电阻的阻值。

（5）二极管测量。

1）连接黑色表笔到"COM"端，红色表笔到"VΩmA"端。

2）如果被测二极管是连接在电路中，应切断被测电路中的电源并将所有电容放电。

3）设置量程开关到"⊶"位置。

4）正向电压测量：连接红色表笔到被测二极管正极，连接黑色表笔到被测二极管负极，对于硅管，正向电压应在 450～750mV 之间。

5）反向电压测量：连接红色表笔到被测二极管负极，连接黑色表笔到被测二极管正极，如果二极管是好的，应显示超量程"1"，如果二极管是坏的，将显示"000"或其他随机数。

（6）晶体管 h_{FE} 测量。

1）设置量程开关到 h_{FE} 位置并将被测晶体管插入相应的晶体管座。

2）从显示屏上直接读出被测晶体管的 h_{FE} 值。

（7）电池和保险管的更换。

如果"📛"在显示屏出现，表示电池应更换；若要更换电池和保险管（250mA/250V），方法是打开后盖并以相同规格的电池和保险管更换。

3.5.4　任务总结

（1）在老师指导下，各小组集中对小组成员制作的作品质量以及参与表现等情况做一次评价，评价方式由学生自评、互评、教师评 3 部分组成。

（2）元器件在装配前应如何预加工处理？总结本电路的元器件安装在印制电路板上采用了几种方式？

（3）焊接本电路时有哪些安全操作规程？

（4）总结列出整机装配的顺序，编制一套装配 DT830D 的工艺文件。

（5）小组成员互相交流，把你的成功经验与同学们一起分享。总结一下你在装配本电路时出现过的问题，与同学交流讨论该注意哪些问题？谈谈你在装配元器件的体会，评价哪些做得好，哪些做得不足，以便改进。

任务 3.6　闪烁灯的制作与调试

通过本任务的学习，在老师的指导下应该能够：

1. 通过各种信息渠道收集与手工制作印制电路板和制作小型电子产品有关的必备专业知识和信息。

2. 学会印制电路板的手工制作方法。

3. 能够从元器件的选取、检测、制板、安装到调试独立完成闪烁灯电路的制作任务。

4. 会使用相关的仪器设备和工具。

5. 根据闪烁灯电路的需要，会预算成本，考虑节约、环保。

6. 创新改进电路结构，扩展其功能。

3.6.1　任务描述

以闪烁灯电路为载体来完成本任务，也可用音乐门铃或其他实用电路为载体。

本着先易后难的原则，本任务的是电路简单、元器件较少、调试也简单，只提供闪烁灯的电原理图，工作过程要求学生从原材料的准备、电子元器件的识别与检测到手工制作相应的印制电路板独立完成，并按标准焊接工艺把全部电子元器件装配到印制电路板上，最后通电检测，完成闪烁灯的制作。通过本任务训练，使学生从电子产品的制作与调试的初学者逐步达到熟练者。

需要提交的成果：闪烁灯电路的实物作品、工作报告。

3.6.2　任务相关知识

1. 555 集成电路的结构

555 集成块是一个 8 脚封装双列直插型的集成电路，开始是作为定时器用，所以被称为 555 定时器。经开发，除了定时、延时控制外，还可以调压、调温、调光、调速等多种控制，还可以组成单稳态、双稳态、脉冲振荡、脉冲调制电路，它的优点是工作可靠、使用方便、价格低廉，因此，广泛应用于电子产品中。

如图 3-64 所示是 555 集成电路内部结构图，它由一个分压器，两个比较器 A1 和 A2，一个基本 RS 触发器，一个开关晶体管

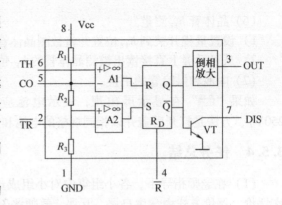

图 3-64　555 集成电路内部结构图

VT 组成。⑧脚为工作电压端 V_{CC}，可取 3 ~ 18V，在实际电路中电源电压一般取 3 ~ 6V。内部电路中由 3 个 5kΩ 的电阻 R_1、R_2、R_3 构成分压器，为两个比较器 A1 和 A2 提供基准电平，在引脚⑤悬空的情况下，上比较器 A1 的基准电平为 $\frac{2}{3}V_{CC}$，⑤脚接在 R_1、R_2 之间，所以⑤脚的电压固定在 $\frac{2}{3}V_{CC}$ 上；下比较器 A2（⑤脚在 R_2、R_3 之间）同相端的基准电平为 $1/3V_{CC}$；如果在⑤脚上外接电压，则可改变两个比较器 A1 和 A2 的基准电平；若⑤脚上不需要外接电压，一般用一个 0.01μF 的电容接地较好，以抑制交流干扰。②脚为低电平触发信号输入端，⑥脚为高电平触发信号输入端，④脚是低电平有效的清零端（复位），③脚是输出端，①脚是接地端，⑦脚是放电端与③脚输出同步。如图 3-65 所示是 555 集成电路引脚排列图。

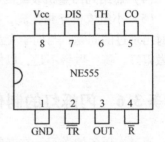

图 3-65　555 集成电路
引脚排列图

2. 闪烁灯电路的工作原理

图 3-66 是闪烁灯电路原理图，它是典型的无稳态多谐振荡器电路，电源 V_{CC} 通过 R_1、RP 对电容 C_1 充电，当⑥脚的电压 $U_C \leq 1/3V_{CC}$ 时，振荡器输出③脚出现高电平，VD_2 灯亮，VD_1 灯暗；当 C_1 充电到⑥脚的电压 $U_C \geq \frac{2}{3}V_{CC}$ 时，③脚出现低电平，VD_1 灯亮，VD_2 灯暗；电容 C_1 通过 RP 对地放电，当电压下降到 $U_C \leq 1/3V_{CC}$ 时，③脚输出又翻转为高电平，此时放电管截止，使放电端不接地，电源 V_{CC} 又开始对电容 C_1 充电，当 C_1 充电又达到电压 $U_C \geq \frac{2}{3}V_{CC}$ 时，③脚又出现低电平；如此周而复始，在输出端得到连续变化的振荡脉冲，两盏灯轮流闪烁，调节 RP 可改变发光二极

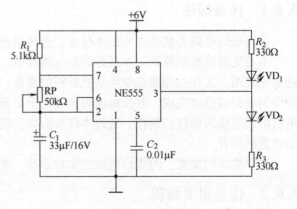

图 3-66　闪烁灯电路原理图

管的闪烁频率。

3. 印制电路板的材料

覆铜板就是在一个绝缘基片上覆盖一层铜箔，在覆铜板上根据原理图制作出以铜为连接导线的电路称为印制电路板，在印制电路板上通过焊接把元器件连接起来，它作为一种互连工具有许多独特的优点，不仅实现了电子产品中的元器件之间的电气连通，有利于板上元器件的散热，而且为电路元器件和机电部件提供了可靠的机械支撑，使生产出来的电子产品稳定性好、耐震、耐冲击、体积小、重量轻、便于标准化和便于维修等，还大大简化了电子产品的装配过程，适用于自动化生产，在电子产品整机结构中被大量的使用，占据重要地位。印制电路板的制作是整机组装的关键环节。

印制电路板按印制电路布线层数的不同可分为单面、双面、多层，按印制电路板的机械特性来分有刚性板和柔性板（也称为挠性板）的印制电路板。

业余电子爱好者在电路的小制作或在课程设计以及企业在电子产品样机尚未定型的试验阶段中，经常需要手工制作印制电路板，因此学生很有必要掌握好手工制作印制电路板的方法。

手工制作印制电路板常用单面板，印制基板的两面分别叫做元器件面和焊接面。元器件面安装元器件，元器件的引出线通过基板的插孔，在焊接面的焊盘处通过焊接把线路连接起来。

3.6.3　任务实施

1. 器材的准备

（1）根据闪烁灯电路图，列出所需的电子元器件清单，填入表3-24。

表3-24　闪烁灯元器件清单

名称	在电路中编号	型号规格	数量
电阻	R_1	5.1kΩ	1
可变电阻	RP	50kΩ	1
电解电容	C_1	33μF/16V	1
电容	C_2	0.01μF	1
集成电路	NE555	NE555	1
发光二极管	VD_1、VD_2	红、绿	1

（2）环保型快速制板机　1台。

制板相关的材料（敷铜板、腐蚀剂）若干。

（3）焊接工具　1套/人。

（4）指针万用表或数字万用表　1台/人。

（5）可调直流稳压电源　1台/组。

2. 识别与检测元器件

（1）查阅相关资料，识别电子元器件的命名方法、标称值表示法、功率、允许误差和耐压等电参数。观察本电路所用元器件的外形结构，根据标称值表示法定义，分辨出不同表示法的元器件，填入表3-25。

表 3-25　元器件识别

表示法	元器件名称
直标法	
文字符号法	
色标法	
数码表示法	

（2）检测本电路所用的电阻、电容，比较测量值与标称值，分析测量误差的原因，判别其质量好坏。记录于表 3-26 中。

表 3-26　元器件检测

元器件名称	标称值	测量值	允许误差	实际误差

（3）查找有关二极管、发光二极管的型号、命名方法，如何用观察法和指针万用表判断二极管、发光二极管的引脚及其质量好坏？

（4）查找与集成电路 NE555 有关的知识，检查其质量好坏。

3. 手工制作印制电路板

印制电路板制作是所有设计过程的最终产品。它的好坏直接决定了设计结果是否能满足要求，手工制作过程中主要有以下几个步骤。

（1）根据电原理图设计成印制电路图。

1）定义：印制电路图设计就是根据电子产品的电路原理图和元器件的形状尺寸，设计如何将电子元器件合理地排列安装在覆铜板上，并实现电气连接。

2）方法：印制电路图的设计有人工设计和计算机辅助设计，无论采用哪种方法，都必须符合电路原理图的电气连接和电气、机械性能要求。简单且不需要批量生产的电路，可采用人工设计。

3）设计过程：在印制电路板上布设导线和元器件的位置，确定印制导线的宽度、间距和焊盘的直径、孔径。

4）考虑因素：设计印制电路图时要考虑到电路复杂程度、元器件的外形和重量、工作电流的大小、电路电压的高低，以便选择合适的基板材料。在设计印制导线的走向时，还要考虑电路的工作频率，尽量减少导线间的分布电容和分布电感。设计好的印制电路图要保存管理好。

（2）准备好合适的覆铜板。

选取合适的印制电路板材质，依据电路的电气性能和使用环境，根据印制导线的宽窄和通过电流的大小及相邻元器件、导线之间电压大小。在正式绘制之前，要规划好印制电路板的尺寸、形状、材料，包括边沿尺寸和内部预留的用于固定的螺钉孔，还有其他一些需要挖掉的空间和预留的空间；确定印制电路板与外部的连接，确定元器件的安装方法。然后，按规划好的印制电路板尺寸裁剪覆铜板，并用平板锉或砂纸将四周打磨平整、光滑，去除边沿毛刺。

（3）覆铜板的表面清洁处理。

用水磨砂纸蘸水打磨或去污粉擦洗覆铜板表面的铜箔，直到擦亮为止，目的是去除掉表面的污物和氧化层，然后用水冲洗，擦干即可使用。

（4）将设计好的印制电路图转印到覆铜板上。

常用方法有以下几种。

1）贴图法。

简单电路可以将已经绘制好的印制电路图，用复写纸按1:1比例复写到覆铜板的铜箔面上，然后将有用的铜箔用防护材料覆盖起来，贴图法是用涤纶胶带或透明胶纸贴在需要保留的铜箔面上，注意胶纸与铜箔面之间要均匀紧贴，不能有气泡形成。然后用小刀刻掉印制电路图中不需要部分的透明胶带纸，这样那些不需要的铜箔就暴露出来，有用的印制电路就被透明的胶带纸防护覆盖住，一幅印制电路图形就在覆铜板上保护起来。这种方法有个缺点是撕下不保留的透明胶带纸时，常出现铜箔面上不干净，附有粘胶，影响后面腐蚀效果。

2）贴广告纸法。

用具有防护性抗蚀材料（如不干胶纸，即广告纸）贴在覆铜板上，用复写纸复写在不干胶纸上或者直接在不干胶纸上画印制电路图；或者先把印制电路图打印在广告纸上，撕下背面的塑料纸，然后把图样平整、均匀地粘贴在覆铜板上，不能有皱褶，这样打印的电路图准确又美观。然后用小刀刻掉印制电路图中不需要部分的广告纸，多余没用的铜箔就露出，经过腐蚀即可去除。

3）油漆描图法。

描图法是用毛笔、鸭嘴笔、铅笔、小木棒等蘸上经稀释调制的防酸涂料（沥青漆、白厚漆、黄厚漆等）后描绘在需要保留的铜箔面上，用毛笔描图是方便快捷，但因其柔软性有时较难以掌握力度，出现描绘的线条粗细不均匀或边沿有毛刺；用其他"笔"容易掌握和控制，但速度慢且不均匀。如果描图出现错误或斑痕，可等涂料完全晾干后用小刀修整，或用棉签少量稀料进行局部擦洗。

也可以用记号笔（不溶于水）直接描绘覆盖在要保留的铜箔面上。

4）热转印纸法。

将计算机设计好的印制电路图，打印在热转印纸上，然后用转印机加热转印到覆铜板上；也可用电熨斗或过塑机加热把印制电路图转印在覆铜板上，再经过腐蚀就可完成印制电路板制作。这种方法的优点是制板速度快、精度高、成本低。

检查印制电路板的印制导线是否有错误和漏线，确保图形正确、清晰。

5）胶片感光蚀刻法。

预先在覆铜板的铜箔面上涂上一层感光材料或用已涂好感光材料的覆铜板（市面上有出售），将计算机设计好的印制电路图输出打印在胶片上，再把打印好的胶片贴在铜箔面上，然后在暗室里进行曝光、显影、定影，取出清洗后，就可投进腐蚀液里进行腐蚀，未感光部分的铜箔将被腐蚀去除。

（5）腐蚀去除废铜箔。

铜箔上有用的印制导线已被防护性抗蚀材料覆盖住，那些暴露出来的铜箔就是剩余不需要的部分，必须去除。

方法一：化学腐蚀法即把要腐蚀的覆铜板浸没在浓度为 35% 左右的三氯化铁溶液中，为了加快腐蚀速度，可加大三氯化铁溶液的浓度（不超过 50%）；或用绝缘棒搅拌溶液，不断晃动容器；或用筷子夹少量棉纱，轻轻抹擦覆铜板上的铜箔面，（或用毛笔刷电路板）；也可提高溶液的温度（不超过 60℃）来加快化学反应速度。

注意：要用塑料或搪瓷盆盛放三氯化铁溶液，不能用铜、铁、铝等金属容器。

方法二：刀刻法：用锋利小刀或其他电动工具，将覆铜板上不需要的铜箔刻掉，这样可省去腐蚀、清洗，快捷方便，但刻制时比较费力、容易损坏底层、精度低，只适用于线条及比较简单电路的制作。

（6）清水冲洗。

当废铜箔被腐蚀完后，应立刻将印制电路板从腐蚀溶液中取出，用清水冲洗干净残留的三氯化铁，然后擦干，否则铜箔导线边沿出现黄色的痕迹甚至会出现腐蚀液渗透入防护层使印制导线边沿有毛刺。

（7）去除防腐蚀层。

腐蚀完，应去除留在铜箔上的防腐蚀层。若是用胶带纸或广告纸，撕掉即可。如果是喷漆，可用棉花蘸香蕉水擦掉保护涂层或用细砂纸轻轻磨去漆层，这时铜箔电路就显露出来，再用清水冲洗干净即可。

（8）钻孔。

按图样所标尺寸钻孔，一般元器件取 1~1.3mm 的钻头，固定螺钉孔取 3mm。孔一定要钻在焊盘的中心，且垂直板面。为了使钻出的孔光洁、无毛刺，钻头要锋利些，钻头接触板面要平稳、轻放，元器件孔径在 2mm 以下的，最好采用用高速台钻（4000 转/分以上），对于直径在 3mm 以上的孔，转速可相应低些。

（9）涂助焊剂。

松香水涂层：2 份松香研碎 +1 份纯酒精（90% 以上）。

在钻好孔的印制电路板铜箔面上用毛笔蘸上松香水轻轻涂上一层，晾干即可，以防止铜箔表面氧化和增加焊接性。

镀银层：把印制电路板浸没在硝酸银溶液中，10min 后即可在印制导线铜箔表面均匀地留下银层。用清水冲洗晾干。

（10）印制电路板的质量检验。

印制电路板在制成之后，一般要经过以下几项质量检验。

1）目视检验。

目视检验是用眼睛仔细观察印制电路板表面是否存在缺陷，如板有凹痕、划痕、表面粗糙；检查印制电路图形是否完整、印制导线是否有断裂、焊孔是否在焊盘中心等。

2）焊盘的焊接性。

焊接性是指元器件焊接到印制电路板上时焊锡对印制图形的润湿能力，一般用润湿、半润湿、不润湿来表示。润湿是指焊料在导线和焊盘上可自由流动及扩展，形成粘附性连接；半润湿是指焊料先润湿焊盘的表面，然后会由于润湿不佳而造成焊锡回缩，在基底金属上留下一层薄焊料，在焊盘表面一些不规则的地方，在部分焊料都形成了焊料球。不润湿是指焊料虽然在焊盘的表面堆积，但未和焊盘表面形成粘附性连接。

3）镀层附着力。

采用方法是胶带试验法，即把透明胶带横贴于要检测的导线上，要均匀压平，不能有气泡。然后掀起胶带的一端，当其与印制电路板大约垂直时扯掉胶带，扯胶带时动作应快速，扯下的胶带完全干净、没有铜箔附着，说明该板的镀层附着力合格。

这样闪烁灯的印制电路板就制作好了，可以进行下一步的插装和焊接元器件。

4. 装配印制电路板

要把元器件装配到印制电路板上，有几个值得注意的难点：一是集成电路 NE555 的引脚识别要正确，寻找集成块面上凹口处或标志点，按逆时针方向读出引脚排列顺序，分别插到印制电路板上 IC 座上。二是发光二极管的引脚识别要正确，如何判断正、负极？三是可调电阻引脚插接要正确，怎样安装才能起到可调电阻值的作用？四是电解电容正、负极不要接错。

焊接元器件，先查找与焊接有关的知识，如焊接工具与材料、焊接机理、焊点质量要求、手工焊接工具的使用和操作方法、手工锡焊的操作技巧。集成块座的引脚较密集，焊接时有一定的难度，经常会出现短路现象，建议先在万能板上练习焊接一定数量的电阻、集成块座，待掌握了焊接的要领，然后，再焊接自己制作的闪烁灯印制电路板。

5. 闪烁灯电路的质量检验

（1）检查印制电路图设计是否正确，元器件有无接错，一般就可正常工作，根据电原理图判断正确的工作现象，对照已完成的闪烁灯电路产品，是否达到预定目标。

（2）若电路工作不正常，可能的故障点：最常出现的是集成电路引脚接错，方向接反；发光二极管极性判断错误，正、负极接反；电位器引脚接错，不能起着可调的作用。

6. 闪烁灯印制电路板的测试

（1）先把负载 VD_1 和 VD_2 断开，测第③脚的电压应在 $0 \sim 6V$ 之间变化。有条件的话，可以用示波器观察并测量输出端第③脚的波形与频率，与理论估算值比较，算出频率的相对误差值。

（2）调整电位器，重新测量第③脚的波形与频率，比较数据有何变化。

（3）把负载 VD_1 和 VD_2 重新接好，改变电位器的值，注意观察两盏灯轮流闪烁快慢的变化情况。

7. 电路的改进

可以对这个电路进行功能的扩展，如：可选择不同颜色的发光二极管，或者根据需要并联多个发光二极管等，把它用作花盆、圣诞树、鱼缸或玩具（布娃娃、小狗的眼睛）等装饰。请动手实践。

3.6.4 任务总结

小组成员互相交流、总结，谈谈在闪烁灯电路的制作过程中的体会，评价哪些做得好，哪些做得不足，以便改进。

任务 3.7 多路可调直流稳压电源的设计与制作

通过本任务的学习，在老师的指导下应该能够：

（1）通过各种信息渠道收集与多路可调直流稳压电源有关的知识和信息。

（2）了解多路可调直流稳压电源电路的基本工作原理、设计特性和测试方法。

（3）从电路的设计及元器件的选取、检测、制板、安装到调试独立完成多路可调直流稳压电源电路的制作任务。

（4）熟悉多路可调直流稳压电源电路的设计特性和测试方法。

（5）创新改进电路结构，扩展其功能。

3.7.1 任务描述

以多路可调直流稳压电源电路为载体来完成本任务。

（1）任务要求：设计并制作一个输入 220V 50Hz 交流电，最大输出电流 1A，输出固定电压 5V、12V 和输出可调电压范围 1.25 ~ 13V 的多路可调直流稳压电源电路。电路其他指数要求：稳压系数 $S > 0.95$（调整滑动变阻器所得值）；效率 $\eta > 40\%$（$n = P_1/P_0 = U_1/U_0 = I_i/I_o$）；纹波电压 $V < 100\text{mV}$。

（2）设计电路：计算电路所需元器件的参数，选择最佳方案，画出电路原理图和印制电路图，完成多路可调直流稳压电源电路的设计。

（3）制作印制电路板：根据设计电路要求，正确选取原材料、对电子元器件的识别与检测并制作出相应的印制电路板等一系列的工作过程都能独立完成。

（4）安装与调试电路：按标准焊接工艺把全部电子元器件装配到印制电路板上，最后通电检测，完成多路可调直流稳压电源电路的制作。

（5）需要提交成果：实物作品和按规范格式写的工作报告。

3.7.2 任务相关知识

完成多路可调直流稳压电源电路制作任务的工作流程图如图 3-67 所示。

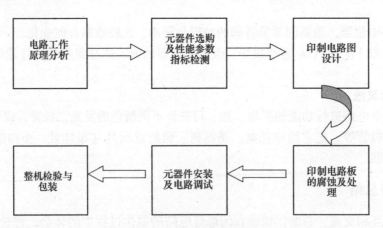

图 3-67 工作流程图

查阅直流稳压电源各单元的组成与基本原理及相关计算公式。

电子产品内部的电路通常由多级或多个电子电路模块组成，这些电子电路需要直流稳压电源来供电，直流稳压电源给各级电路中的晶体管提供合适的偏置，也为整个电路提供能量来源。多个电子电路常需要多种不同的直流电源作为工作电压，因此，设计一个多路可调直流稳压电源电路很有实用价值。

多路可调直流稳压电源是把电网电压 220V 交流电，经过电源变压器、整流电路、滤波电路、稳压电路之后，转变成直流电。这种利用电网交流电转换成直流电向电子电路供电的方式，提供的能量是源源不断的，保证电子电路能持续稳定地工作。

固定输出电压三端集成稳压器的外形及引脚排列如图 3-68 所示。常见的三端稳压集成电路固定输出有正电压输出的 LM78XX 系列和负电压输出的 LM79XX 系列，后两位 XX 所标数字代表输出电压值，主要有 5V、6V、8V、12V、15V、18V 和 24V，其中额定电流以 78（或 79）后面的尾缀字母区分，如 L 表示 0.1A，M 表示 0.5A，无尾缀字母表示 1.5A。本电路使用了三端稳压集成电路 LM7805、LM7812 等 IC 芯片器件，其中 LM7805 是输出固定 5V 正电压，LM7812 是输出固定 12V 正电压。三端稳压集成电路内部有输出过电流、过热自动保护电路，输出稳定性好、使用方便等优点，因此，适用并广泛应用于各种电源稳压电路。

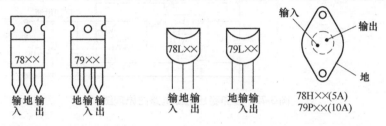

图 3-68　固定输出电压三端集成稳压器的外形及引脚排列

本电路还使用了三端可调正稳压器集成电路 LM317，如图 3-69 所示。同样具备三端固定集成稳压器的优点，在性能方面也有进一步提高，特别是由于输出电压可调，应用更为灵活。其输出电压范围从 1.2 ～ 37V 连续可调，负载最大电流为 1.5A，最小稳定工作电流的值一般为 1.5mA。当 LM317 稳压块的输出电流小于其最小稳定工作电流

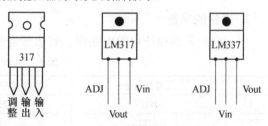

图 3-69　可调输出电压三端集成稳压器的外形及引脚排列

时，LM317 稳压块就不能正常工作；当 LM317 稳压块的输出电流大于其最小稳定工作电流时，LM317 稳压块就可以输出稳定的直流电压。在应用中，为了电路能稳定工作，在一般情况下，在集成稳压器上还需要并接一个二极管作为保护电路，防止电路中的电容放电时产生高压把稳压块烧坏。

多路可调直流稳压电源电路的设计思路如下所述。

（1）电路组成的框图如图 3-70 所示，各级波形的变化如图 3-71 所示。

图 3-70　直流稳压电源组成的框图

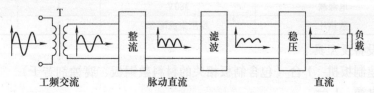

图 3-71　直流稳压电源各级波形的变化

（2）多路稳压电源电路的原理图如图 3-72 所示。

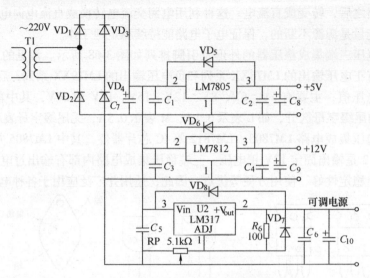

图 3-72　多路稳压电源电路的原理图

3.7.3　任务实施

1. 器材的准备

（1）根据多路稳压电源电路图，列出所需的电子元器件清单，填入表 3-27。

表 3-27　元器件清单

序号	元器件名称	型号规格	数量	备　注
1	LM317	1.25~13V	1	
2	LM7812	12V	1	
3	LM7805	5V	1	
4	电解电容	3300μF/50V	1	
5	电解电容	220μF/25V	3	
6	瓷片电容	0.1μF	6	
7	二极管	1N4007	8	
8	电阻	100Ω	1	
9	电位器	5~100kΩ	1	
10	FUSE	1A	1	
11	熔丝座	圆柱旋钮型	1	
12	排针	10针	3	
13	变压器	~220V/18V	1	
14	电源线	380V	1	
15	散热片	稳压集成配套	3	

（2）仪器设备及工具。

环保型快速制板机　1 台（包含制板相关的材料敷铜板、腐蚀剂若干）。

可调工频电源　1 台。

双踪示波器　1 台。

交流毫伏表 1台。

指针万用表或数字万用表 台/人。

焊接工具 1套/人。

2. 识别与检测元器件

(1) 查阅相关资料，识别电子元器件的命名方法、标称值表示法、功率、允许误差、耐压等电参数。观察本电路所用元器件的外形结构，根据标称值，分辨出不同表示法的元器件，填写表3-28。

表3-28 元器件识别

元器件名称	标称值	允许误差	表示法

(2) 用万用表检测本电路所用的元器件，比较测量值与标称值，分析测量误差的原因，判别其质量好坏，记录于表3-29。

表3-29 元器件检测

元器件名称	标称值	测量值	质量好坏

3. 制作印制电路板

印制电路图的设计可采用人工设计或者采用计算机辅助设计。这里介绍采用计算机辅助设计几点建议。

(1) 设计绘制原理图和印制电路图。

1) 用Protel 99 SE绘制原理图，注意原理图的准确无误，特别是在原理图库封装里没有的元器件一定要绘制准确，当一切就绪就可以生成网络表格了。

2) 通过上一步生成的网络表，将元器件封装载入PCB。并事先设置好PCB的属性。如有在PCB库中没有的元器件，可选择相近的封装，也可以用封装设计软件设计一个再刷新网络表，重新载入即可。

3) 元器件的布局：这一步相当重要，如布置不合理，极有可能会影响电路的走向，又会影响电路的电气性能。一般情况下，电容要紧贴主要元器件，各个功能单元要尽量紧凑，整个电路要尽可能小，但也要注意其安全距离和干扰等问题。

4) 元器件布线：一般情况下，电路不要走直角，转角线长要尽量短。地线要尽量粗大一些，尽量走垂直线或水平线。线宽一般为1mm，地线为2 mm，焊盘直径为2 mm，孔径为

0.8 mm，焊盘大小与孔径根据元器件实际的引脚来决定。设计好的多路稳压电源的印制电路图如图 3-73 所示。

（2）裁剪覆铜板。

在转印之前要先确定好电路板，按设计好的印制电路板尺寸裁剪覆铜板，要符合 PCB 图的大小。在此过程中首先要注意版面的清洁，不允许版面出现污渍或刮痕，从这步起到产品出来之前都得注意保持版面的清洁。

（3）PCB 电路图的生成、网络表、翻绘、转印。

在画好 PCB 图生成网络表，将 PCB 图调试到合适大小后，用打印机打印出来（建议

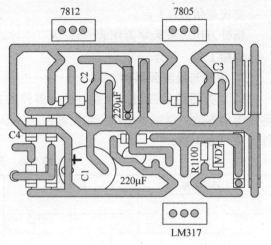

图 3-73　多路稳压电源的印制电路图

最好用油性转印纸打印）。用热转印机转印在事先已准备好的覆铜板上，完成后待电路板油墨晾干才能进行下一步工序。

1）用普通打印纸的转印。

将已画好的 PCB 图形调整到合适的大小，然后翻面，最后打印出来。接着用复写纸转印。用复写纸转印，将复写纸放在覆铜板的铜箔面上方，然后将打印有 PCB 图的纸平铺于其上，调整好位置后将其固定紧。接着用笔在电路板的电路上画出电路的轮廓（画的时候要特别小心，要按规范操作，不可漏画、多添电路或随意改动走线的宽度和长短），画好以后将版取出，接着用不溶于水的物质进行填充，可以用油性笔或油漆等覆盖住要保留的铜箔（印制导线）。填充时注意一定要填涂均匀，并且一定要在画好的轮廓线以内，有些地线或电源线在空间有剩余的情况下可以适当加宽，避免出现短路、信号串扰等电气故障现象。

2）用油性纸打印转印。

将已画好的 PCB 图形调整到适合的大小，不翻面，然后打印出来，将打印好 PCB 图的转印纸平铺在覆铜板上固定住，注意调整板的大小和油性转印纸的位置，切记转印纸与覆铜板之间一定要贴紧，防止转印时因为松动移位出现偏差，而导致转印到覆铜板上的图形模糊或变形，再用热转印机把 PCB 图形转印到覆铜板上即可；或者用电熨斗加温（最佳温度是 140～170℃）将打印好 PCB 图的转印纸上黑色塑料粉压在覆铜板上形成高精度的抗腐蚀层，等温度低一些以后再将转印纸慢慢的揭下来，若发现没转印好的，请盖上重新再加温加压转印；如果有出现少许断线的，可用油性碳素笔或油漆进行补救。如果覆铜板上有污渍、指纹、被氧化等干扰腐蚀的现象时，需用水和 HCl 以大于 5∶1 的比例配成清洁液，对覆铜板进行清洗，清洁完后立即将板投入清水中，洗净后将其取出擦干、晾干，再进行转印。

（4）钻孔。

在完成了将 PCB 图完全转印到覆铜板面上，待油墨晾干之后，就可进行钻孔作业，此过程必须注意安全。

1）钻孔前要先选择合适的钻头，根据所要打的孔径的尺寸大小，孔径的大小由所要装配元器件引脚的粗细来确定，一般地要装配普通元器件的孔选用的钻头大小取 0.8～1.3mm，固定螺钉孔径取 3mm。

2）将已选定的钻头安装固定在钻台上对应的位置，注意一定要牢固，以防止在打孔过程中因钻头的松动而将孔打歪或者钻头在高速转动中飞出伤人，每次更换钻头时要关闭电源使钻台停止转动时才能取换。

3）将要钻孔的电路板平稳地固定在钻台上对应的位置，一定要按孔径的大小来打孔，打孔过程中钻头要垂直地对准要钻的孔，动作要缓慢、稳妥，保证钻出来的孔上下两面会圆滑、美观，注意不要移动或倾斜拖动电路板，否则易造成钻头折断或歪曲。孔的形状要规范，特别是对于（插件式 DIP 封装）各类芯片或多脚的器件，如果孔打得不规范，在接插元器件时就会出现诸如：孔太大无法焊接，孔太小或孔歪斜等无法接插元器件等问题。钻孔的数量不可多打或漏打，但应该注意外接点和测试预留点的孔要打取。打孔的准确级也是保障电路电气性能重要的一步。

4）说明：钻孔这一步可以在腐蚀前完成，也可以在腐蚀完后完成。腐蚀完后再钻孔对操作者技术要求比较高，所要钻的孔点必须在有效范围内；如果覆铜板的质量较差，腐蚀完后再钻孔就会在打孔时出现铜箔脱落、移位等现象而影响电气的性能；另外也有可能会因线路腐蚀过后太细或者操作者的准确级不够高而将孔打偏了，这样就会影响焊接从而直接影响电路电气性能。腐蚀前先钻孔，若出现孔歪或线路太细可以及时修正，从而避免这些问题的发生，所以一般情况下推荐使用先打孔、后腐蚀的方法。

（5）电路板的腐蚀及处理。

1）第一步：配置腐蚀溶液。

可以用一份三氯化铁和两份水配制而成溶液，也可以用盐酸、双氧水和水按一定比例（例如，$HCl : H_2O_2 :$ 水 $= 2:1:4$）配成的溶液，但前者反应时间长、对温度要求较高，本次以后者为例来介绍。首先选好体积适当、适合盛装腐蚀液的容器，容器一定要能防腐蚀（如塑料塑料容器），切记不能用金属容器。

2）第二步：腐蚀反应。

整个腐蚀过程都必须注意安全，配戴好口罩和手套，以防止漏液、溅液等危险现象发生。待容器中腐蚀液气泡很少后（约 $3 \sim 5min$），将任意一小块画好的实验板投入其中观察现象，若反应十分剧烈，有大量的气泡冒出，且在一两分钟内将实验板上的未画有线路的部分连同画有线路的部分的铜箔全部腐蚀掉，则说明腐蚀液浓度过大需加适量水稀释。

若反应时仅在画有线路的地方出现小气泡且覆铜板颜色有变化，$1min$ 左右，轻轻摇动板会有浑浊物出现，则说明此溶液比例较为合适，即可将检查无误的电路板投入到配制好的腐蚀溶液中进行腐蚀，用筷子或塑料棒搅拌来加快反应速度。一般反应 $3 \sim 7min$ 后，未画有线路的铜箔全部被腐蚀掉，而画有线路的铜箔却完好无损，这时便可将电路板取出，清洗干净，进行下一个环节。

若反应 $1 \sim 2min$ 无明显现象时，说明溶液浓度不够，需加适量的 HCl 和少许的 H_2O_2。如果在投入 $15min$ 仍无反应，则说明溶液浓度不够，或者是此溶液已经腐蚀过多块覆铜板，或者已久置过期，需更换腐蚀液再使用。

3）第三步：去除防腐蚀层。

清水冲洗干净后的印制电路板上，依然留有防腐蚀层，应当去除。如果是油墨的，可用无水酒精擦洗；如果是喷漆的，可用棉花蘸香蕉水或丙酮擦洗；若没有这些溶剂，也可用细砂纸轻轻磨去覆盖的漆层。

4）第四步：涂保护层。

印制电路板的铜箔必须先做清洁处理，晾干后即可涂上保护层，目的是第一防止时间长了印制导线的铜箔会被氧化或受潮锈蚀，第二便于在铜箔上焊接，保证导电性能良好。常用保护层有松香水涂层、镀银层。松香水涂层：2 份松香研碎 + 1 份纯酒精（90% 以上），在钻好孔的印制电路板铜箔面上用毛笔蘸上松香水轻轻涂上一层，晾干即可，以防止铜箔表面氧化和增加焊接性。镀银层：把印制电路板浸没在硝酸银溶液中，10min 后即可在印制导线铜箔表面均匀地留下银层，用清水冲洗后晾干。

4. 装配印制电路板

清点核实此制作的元器件的数量，检查元器件型号是否正确、有无损坏，然后根据原理图、PCB 图将元器件插在印制电路板上相应的位置，有几个值得注意的要点。

（1）三端集成稳压电路 LM7805、LM7812、LM317 的引脚识别要正确，分别插到印制电路板上相应的位置。

（2）对集成块要加适合面积的散热片，将散热片用绝缘橡胶垫隔开后用螺钉锁到稳压集成芯片上，使集成块工作时保持在相对较低的温度下，有助于提高电源的效率和性能。

（3）在空间允许的情况下，对发热量大的器件预留一些空间，以便于其有效地散热，散热元器件、散热片不要接触到其他元器件。如变压器散热可减小涡流发热，从而提高稳定性安全性。

（4）对大的、重的元器件要进行固定，如：变压器，散热块等，避免因松动、脱落等故障对电气性能的影响。

（5）为了减少干扰（地线的布设要避免回路和电磁干扰），电容要尽量靠近电源和地线走主线，变压器加屏蔽、使用金属外壳有效接地，将易受干扰的元器件尽量布在离干扰源远一点的地方，用电容和并排式二极管吸收、减少部分干扰，加粗电源和地线，在空白处多布些地线。

（6）为了电气安全可靠，在整流前可加上保险管，当电路出现短路时能避免其他元器件的损坏。

（7）焊接元器件，在焊接之前需将预留焊点的全部位置用砂纸磨出或者刮出，但得注意不可刮伤铜箔或者将铜箔磨得太薄，也可以用砂纸将所有铜箔上面的油性物质磨掉，砂磨时一定要均匀，砂磨直至看到光泽的铜箔为止，插好元器件的电路板确认无误后即可开始焊接，焊接时要注意焊接点一定要均匀、光滑，必须按规范进行焊接，否则易出现虚焊或烫坏元器件等情况。

（8）在焊好元器件后须将过长的元器件引脚剪掉，避免因引脚过长而引起短路、信号串扰等故障。这一步完成后接着需对电路板进行防氧化的处理。可用棉签蘸取配好的松香溶液对电路板进行涂抹（棉签最好不要重复间隔使用）。重点要在裸露的铜箔上均匀涂抹，若在允许的情况下可以整板涂抹。

5. 多路可调直流稳压电源电路的测试

按任务要求对电路主要技术指标进行测试，实验测量结果。

（1）输出电压 V_0：固定电压为 5V、12V；可调电压为 1.25～18V。

（2）最大输出电流 I_{omax}：$I_o = 1A$。

（3）稳压系数 $s > 0.95$，$s = 1 - (\Delta U_o / \Delta U_i)$。

（4）效率 $\eta > 40\%$（$\eta = P_{\mathrm{I}}/P_{\mathrm{o}} = U_{\mathrm{I}}/U_{\mathrm{o}} = I_{\mathrm{i}}/I_{\mathrm{o}}$）。

（5）纹波电压 $V_{\mathrm{m}} < 50\mathrm{mV}$。

6. 电路的改进

可以对多路可调直流稳压电源电路进行功能的扩展。此电路还可使用半波整流的方法，在此电路中还可以加入基准电路、比较放大电路、采样电路和误差调整校准电路来实现一些功能扩展，如图3-74所示。在制作过程中还可以采取一些减少纹波提高电气性的措施，在满足基本指标的情况下尽量减少成本。

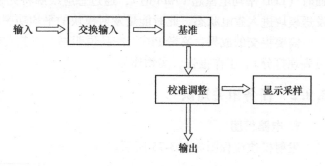

图3-74 电路功能扩展

另外值得一提的就是制作过程中的工艺可靠性、工艺合理性以及工艺美观性等。

3.7.4 任务总结

在整个制作过程中一定要做到严谨细致，不得进行危险或违规的操作，要特别注意个人及他人的生命安全。

小组成员互相交流、总结，谈谈你在此电源电路的制作过程中的体会，评价哪些做得好，哪些做得不足，以便改进。

任务3.8 高频无线短距离电力传输系统的设计与制作

通过本任务的学习，在老师的指导下应该能够：

1. 了解高频无线短距离电力传输系统各个模块的工作原理、设计特性和测试方法。

2. 手工设计与制作该电路的印制电路板。

3. 装配与调试此电路。

3.8.1 任务描述

1. 基本要求

（1）实行电能的无线传输，通过无线供电方式使LED照明模块发光（每个LED的平均电流大于5mA）。

（2）在LED照明模块实现正常亮度时（5个LED，每个LED的平均电流为10mA），发射距离10mm的情况下，能量发射模块的功率小于5W（DC12V供电）。

（3）能控制LED的亮度：保持线圈距离不变，从暗渐变亮，从亮渐变暗，不能用电位器手动调节电源的方式。

（4）能量发射模块能实时显示发射机功耗。

2. 发挥部分

（1）在基本要求（2）的情况下，尽可能增大无线传输距离（发送和接收间感应线圈的距离）。

（2）能使 5 个白光 LED 发光，每个 LED 的平均电流为 10mA。

（3）在 LED 照明模块上加装光敏电阻，实时测量 LED 照明模块周围的光强，当光强较强时（LED 平均电流超 15mA 时），通过感应线圈将光强数据传输给能量发送模块，让能量发送模块进入省电状态，此时能量发射模块的平均功率小于 1W。

需要提交的成果：答辩 PPT、产品说明书、工艺文件、设计文件、项目评价表（针对组员表现打分）、工作报告、实物作品。

3.8.2　任务相关知识

1. 电路框图

发射模块流程图如图 3-75 所示。

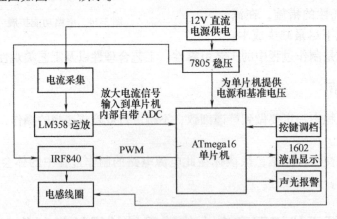

图 3-75　发射模块流程图

接收模块框图如图 3-76 所示。

2. 电路的设计

（1）电源稳压模块。

电源稳压模块电路采用外部直流电源 12V 直接输入电源开关导通，经过一路经 LM7805 稳压后给

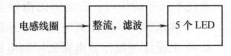

图 3-76　接收模块框图

控制系统部分供电，另一路供给电感线圈，电源稳压模块原理图如图 3-77 所示。

（2）发射部分电路原理图如图 3-78 所示。

通过 PWM 控制 IRF840 的通断，是使之产生频率，当频率和线圈的频率相同时，会产

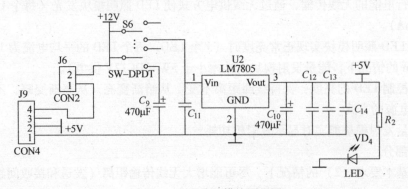

图 3-77　电源稳压模块原理图

生谐振使线圈发射的功率达到最大。

大功率管 IRF840 最大电流为 8A，当完全开启时内阻为 0.85Ω，管子发热量大，需加散热片。

（3）电流取样电路原理图如图 3-79 所示。

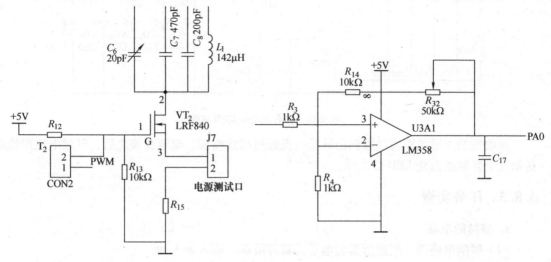

图 3-78　发射部分电路原理图　　　　　图 3-79　电流取样电路原理图

（4）主控部分电路原理图如图 3-80 所示。

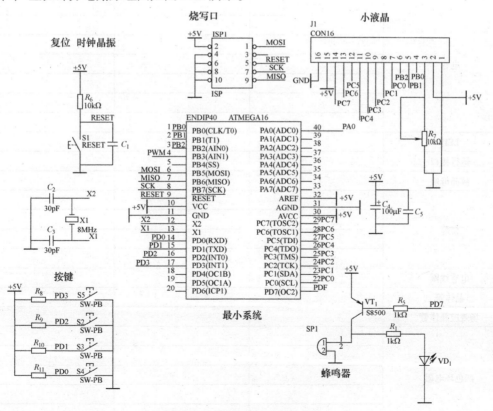

图 3-80　主控部分电路原理图

（5）接收部分电路原理图如图3-81所示。

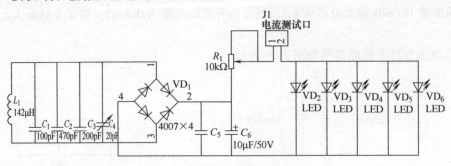

图3-81　接收部分电路原理图

接收端的电感线圈将接收到的脉动电流经过桥式整流、电容滤波之后，经过电阻限流后送给5个并联的白光LED灯工作。

3.8.3　任务实施

1. 器材的准备

（1）根据电路图，列出所需的电子元器件清单，填入表3-30。

表3-30　元器件清单

名称	参数	数量	封装名称
电容			
LED			
运行接口			
液晶母座			
排阵			
电感线圈			
晶体管			
场效应晶体管			
四色环电阻			

名称	参数	数量	封装名称
开关			
蜂鸣器			
芯片			
晶振			

（2）仪器设备及工具：以下仪器数量配套60人班级，3人一组，共20组，如表3-31所示。

表3-31　仪器设备及工具

产 品 名 称

高频无线短距离电力传输系统

序号	名　　称	数量	备　注
1	高频函数信号发生器	6	台
2	数字示波器	6	台
3	直流稳压电源	6	台
4	电感测试仪	1	台
5	数字万用表	20	台
6	微机	60	套
7	热转印机	2	台
8	钻孔机	1	台
9	PCB腐蚀水槽	2	台
10	打印机	1	台
11	电路板切割机	1	台

2. 识别与检测元器件

（1）查阅相关资料，识别电子元器件的命名方法、标称值表示法、功率、允许误差、耐压等电参数。观察本电路所用元器件的外形结构，根据标称值，分辨出不同表示法的元器件，填写表3-32。

表3-32　元器件识别

元器件名称	标称值	允许误差	表示法

（2）用万用表检测本电路所用的元器件，比较测量值与标称值，分析测量误差的原因，判别其质量好坏。记录于表 3-33。

表 3-33　元器件检测

元器件名称	标称值	测量值	质量好坏

下载 ATmega16 数据资料，重点了解其内部结构及使用方法。

3. 制作印制电路板

采用热转印法制作单面板。

热转印法的具体操作流程：打印—热转印—修补—腐蚀—钻孔—擦拭、清洗—涂松香水。

（1）PCB 图的打印输出如图 3-82 和图 3-83 所示。

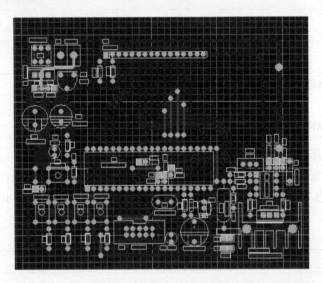

图 3-82　主控部分 PCB 电路图

（2）覆铜板表面处理过程：用砂纸把覆铜板表面的污物刷掉，如图 3-84a ~ c 所示。

热转印过程如图 3-85a ~ d 所示。

采用热转印机或电熨斗进行热转印，将热转印纸上的碳粉通过热转印机转印到敷铜板上。如图 3-85a 所示，当温度升高到 140℃ 左右时，将打印好的热转印纸覆盖在敷铜板上，送入热转印机，使融化的墨粉完全吸附在敷铜板上。

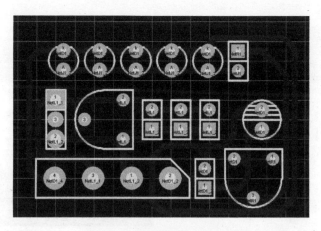

图 3-83　接收部分 PCB 电路图

　　　　a)　　　　　　　　　　b)　　　　　　　　　　c)

图 3-84　覆铜板表面处理

a) 未处理的覆铜板和砂纸　b) 打磨电路板　c) 处理好的覆铜板

　　转印过程中最重要的因素就是温度。温度过低则墨粉不能充分软化从转印纸上剥离；温度过高，虽然磨粉可以充分被加热，但同时转印纸上的塑料涂层也会热熔，和墨粉粘在一起，不利于墨粉的分离。

　　（3）腐蚀及清洗。

　　腐蚀的原理是因为墨粉可以阻挡腐蚀剂和铜的接触，所以有墨粉覆盖的地方（即电路板走线的地方）被保护留下铜箔能导电，而其他地方则被腐蚀了。将热转印后的敷铜板冷却后揭去热转印纸，放到双氧水＋盐酸＋水混合液或 $FeCl_3$ 溶液中腐蚀后即可形成做工精细的印刷电路板。前一种腐蚀液的腐蚀过程快捷，腐蚀液清澈透明，容易观察电路板被腐蚀的程度。但一定要注意观察，不要走开。待铜箔刚好消失的时候，用镊子迅速将印制电路板捞出。再用水进行冲洗，最后将印制电路板烘干。腐蚀及清洗印制电路板的过程如图 3-86 所示。

　　（4）钻孔。

　　利用钻孔机对准印制电路板中的焊盘钻孔，钻孔的过程中要根据需要调整针的粗细，如图 3-87 所示。

　　4. 装配印制电路板

　　（1）电阻及跳线的装配。

　　本项目中用到的电阻如表 3-34 所示，电阻的阻值可以通过色环标记来识别，也可以通过万用表来测量。

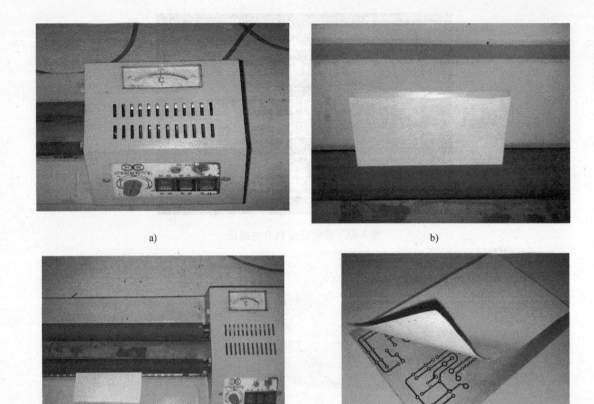

图 3-85　热转印过程

a）设置转印机温度　b）将电路板与图样放置平整　c）开始转印

d）转印完毕，揭开油纸，检查有无连线断开

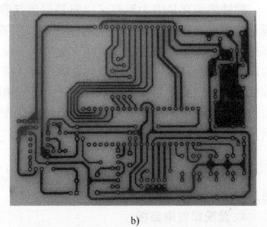

图 3-86　腐蚀及清洗印制电路板

a）　腐蚀电路板　b）腐蚀、清洗后的印制电路板

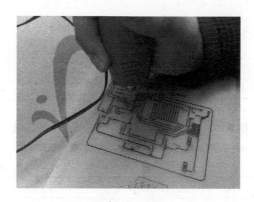

图 3-87 钻孔

表 3-34 电阻

元器件名称	大小	数量	色标
四色环电阻	1kΩ	5	棕黑红金
四色环电阻	10kΩ	4	棕黑橙金
四色环电阻	470Ω	5	黄紫棕金
四色环电阻	0.33Ω	1	橙橙银金

电阻引脚无正负之分，所以在装配的时候不用考虑极性方向，但要考虑色环的排列方向，使之易于辨别。跳线可用元器件被剪下过长的引脚来代替，紧贴电路板安装，如图 3-88 所示。

（2）电容的装配。

本项目中用到的电容有两种：无极性电容（如表 3-35 所示）和电解电容（如表 3-36 所示），无极性电容无正、负方向之分，而电解电容是有正、负方向的。

1）无极性电容。

无极性电容的式样和电路板上的标识如图 3-89 所示。瓷片电容的安装见图 3-90。

2）电解电容。

新的电解电容引脚长的为正，引脚短的为负，但识别其极性最好是看电容体上的标记，负极已标其上。电解电容的式样和电路板上的标识如图 3-91 所示，因其体积较大，稍后安装。

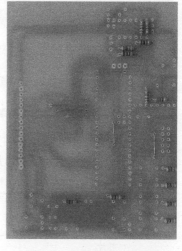

图 3-88 电阻及跳线的装配

表 3-35 无极性电容

元器件名称	大小	数量
无极性电容	100μF	8
无极性电容	30pF	2
无极性电容	200pF	1
无极性电容	470pF	1
无极性电容	20pF	1

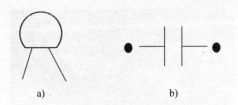

图 3-89　无极性电容的式样和电路板上的标识

a）无极性电容　b）电路板上无极性电容的标识图

表 3-36　电解电容

元器件名称	大小	数量
电解电容	100μF	1
电解电容	470μF	2

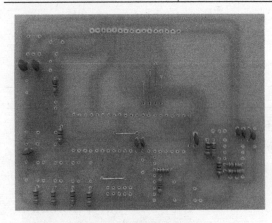

图 3-90　瓷片电容的安装

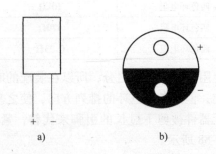

图 3-91　电解电容的式样和电路板上的标识

a）电解电容　b）电路板上电解电容的标识图

（3）芯片插槽及按键开关的安装。

芯片及开关列于表 3-37。芯片插槽及按键开关的安装如图 3-92 所示。

表 3-37　芯片及开关

元器件名称	型号	数量
芯片	ATMEGA16	1
芯片	LM7805	1
芯片	LM358	1
开关	四脚轻触	5

芯片底座安装主要注意有缺口的一边和电路板上的标识应该对齐。

40 脚芯片底座（U1）插入单片机 ATMEGA16 芯片，8 脚芯片底座（U3）插入 LM358 芯片，有缺口的一边也应该对齐。

插槽安装时请注意凹槽方向要与实物芯片对齐。插槽及按键高度与瓷片电容保持一致。

（4）接线柱、电位器、精密电阻、发光二极管和排针的装配。

本项目中用到的二极管是发光二极管，发光二极管的长引脚为正，短引脚为负，如图 3-93 所示，也要注意观察辨别发光二极管内部电极的形状。

接线柱、电位器、精密电阻、发光二极管和排针高度保持一致，如图 3-94 所示。

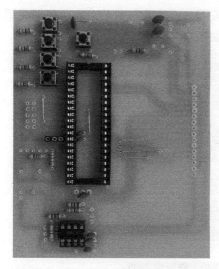

图 3-92 芯片插槽及按键开关的安装

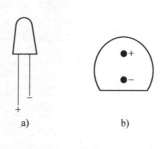

图 3-93 发光二极管及标识图

a）发光二极管 b）电路板上发光二极管的标识图

图 3-94 接线柱、电位器、精密电阻、发光二极管和排针的装配图

（5）晶振、电解电容、IRF840、稳压块7805、水泥电阻、接口和液晶显示屏的安装。

1）晶振的安装。

晶振Y1：12MHz，晶振的引脚没有方向之分，安装如图3-95所示。

2）稳压块LM7805的安装。

LM7805的引脚和功能如图3-96所示，晶振、电解电容、IRF840、稳压块7805、水泥电阻、接口和液晶显示屏的安装图如图3-97所示，注意在焊接的时候，正面朝电路板外面。

图 3-95 晶振的安装

a）晶振 b）电路板上晶振的标识图

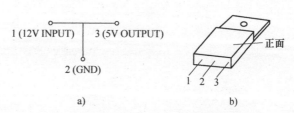

图 3-96 LM7805的引脚和功能图

a）LM7805引脚的功能示意图 b）LM7805的引脚

电解电容、IRF840、水泥电阻、接口、液显的安装务必实物与封装对应。仔细对照 PCB 图样。水泥电阻可用卧式封装，也可用立式封装，如图 3-97 所示。

图 3-97　晶振、电解电容、IRF840、稳压块 7805、
水泥电阻、接口和液晶显示屏的安装图

5. 高频短距离无线发射接收电路的测试

外部 12V DC 电源输入，ATmega16 内部产生一定频率的 PWM，控制场效应晶体管和线圈，使 5 个 LED 灯发光并达到照明作用。通过按键的切换可以实现 LED 灯从亮到暗及由暗到亮的变化。测试结果如下所述。

（1）实行电能的无线传输，通过无线供电方式使 LED 照明模块发光（每个 LED 的平均电流大于 5mA）。

（2）在 LED 照明模块实现正常亮度时，5 个 LED 灯，每个 LED 灯的平均电流为 10mA，当发射距离为 10mm 的情况下，能量发射模块的功率小于 5W（DC12V 供电）。

3.8.4　任务总结

（1）在整个制作过程中一定要做到严谨细致，不得进行危险或违规的操作，要特别注意个人及他人的生命安全。

（2）项目组长和老师联合为本组组员分别打分，综合评定成绩。

项目4　电子产品的检验与包装

学习目标:

(1) 学会按照检验工艺要求对电子产品进行检验,能对检验结果作出正确判断。

(2) 能按照包装工艺要求对电子产品进行包装。

学习内容:

(1) 学习电子产品的检验项目和检验过程(以节能灯为载体)。

(2) 了解各种包装材料的性能以及不同类型电子产品对包装的要求。

任务4.1　电子产品的检验工艺

电子产品经装配、调试完之后,必须经过检验和包装才能作为成品出厂。检验是利用一定的手段对电子产品进行观察、试验、测定出各项技术指标,并与国标、部标和企业标准等公认的质量标准进行比较,以确定产品是否合格。检验是电子产品生产中的一个重要的工艺环节,它贯穿于产品生产的全过程。

4.1.1　电子产品的检验项目

电子产品的检验项目如下所述。

1. 性能

性能指产品满足使用目的所具备的技术特性,包括产品的使用性能、力学性能、理化性能和外观要求等。

2. 可靠性

可靠性指产品在规定的时间内和规定的条件下完成工作任务的性能,包括产品的平均寿命、失效率和平均维修时间间隔等。

3. 安全性

安全性指产品在操作、使用过程中保证安全的程度。

4. 适应性

适应性指产品对自然环境条件表现出来的适应能力,如对温度、湿度和酸碱度等的反应。

5. 经济性

经济性指产品的成本和维持正常工作的消耗费用等。

6. 时间性

时间性指产品进入市场的适时性,售后及时提供技术支持和维修服务等。

4.1.2　电子产品的检验顺序

检验工作一般可分为装配前原材料的检验、生产过程逐级检验、整机检验,整机检验是在产品经过总装、调试合格之后，检查产品是否达到预定功能和技术指标，整机检验主要包括外观检验和电气性能检验。

1. 装配前原材料的检验

装配前原材料的检验是指对元器件、材料、零部件、整件等入库前的检验。产品生产所需的原材料、元器件等，在采购、包装、存放和运输过程中可能会出现变质、损坏或者本身就是不合格品，因此，这些物品在入库前应按产品技术条件、协议等进行外观检验，检验合格后方可入库。对判断为不合格的物品则不能使用，并要进行隔离，以免混料。另外，有些元器件，比如晶体管、集成电路以及部分阻容元件等，在装接前还要进行老化筛选。入库前的检验是保证产品质量可靠性的重要前提。

2. 生产过程逐级检验

生产过程逐级检验一般采取全检的检验方式，即在生产过程中对各道工序进行检验。采用操作人员自检、生产班组互检和专职人员检验相结合的方式进行。

自检就是操作人员对照本工序的作业指导卡，检查自己所装配的元器件、零部件是否有漏件、错件、翘脚、插反、倾斜、多件等不良现象，对不合格的部件应及时修补、调整和更换，避免流入下道工序，保证本工序的装接质量。

互检就是下道工序对上道工序的检验。操作人员在进行本工序操作前，检查前道工序的装调质量是否符合要求，对有质量问题的部件及时反馈给前道工序。不能在不合格部件进行本工序的操作。

专职检验一般在部件、整机装配与调试完成的后道工序进行。检验时根据检验标准，对部件、整机生产过程中各装调工序的质量进行综合检查。检验标准一般以文字、图样形式表达，对一些不方便使用文字、图样表达的缺陷，应使用实物建立标准样品作为检验依据。

3. 整机检验

整机是指经过总装、调试合格之后的产品，检查其能否实现预定的功能和各项技术指标是否达到要求。整机检验必须由厂属专门机构进行，检验内容主要包括外观检验和电气性能检验两大部分。

(1) 外观检验：用直观法检验产品是否整洁；板面和机壳表面的涂覆层、装饰件、标志及铭牌等是否齐全，有无损伤；产品的各种连接装置是否完好；各金属件有无锈斑；结构件有无变形、断裂；表面丝印、字迹是否完整、清晰；量程是否符合要求；转动机构是否灵活；控制开关是否到位等。

(2) 电气性能检验：根据电子产品的技术指标和国家或行业的质量标准，选择符合标准要求的仪器、设备所进行的检验，包括一般条件下的整机电气性能参数和极限条件下的各项指标检验。前者是指对功能的检验和主要性能指标的测试，检查电子产品的各项指标是否符合设计要求。功能检验是对产品设计所要求的各项功能进行检查，不同的产品有不同的检验内容和要求；主要性能指标测试是通过符合规定精度要求的仪器和设备来测试产品的各项技术指标，判断产品是否达到现行国家或行业规定了各种电子产品的基本参数的标准。后者称为例行试验，一般只对小部分产品进行，主要包括对整机进行老化测试和环境试验，考核产品的质量是否稳定稳定可靠。老化测试是对电子产品进行长时间通电运行，即让产品连续工作若干个小时，然后检测其性能是否仍符合要求，测量其平均无故障工作时间，分析总结故障的特点，及早发现生产过程中存在的潜伏缺陷，找出它们的共性问题以便及时解决。环境试验一般根据电子产品的工作环境而确定具体的试验内容，并按国家规定的方法进行试验。

例行试验常采用抽样检验，但对批量生产的新产品或重大改进的老产品都必须进行例行试验，主要是对产品的安全性能、通用性能、使用性能等进行测试，若发现产品中有潜伏和带有共性的故障，应及时提出修改电路和工艺，保证电子产品的耐用性和可靠性。

4.1.3 电子产品的样品试验

电子产品的样品试验采用抽样检验方式，在检验合格的产品中随机抽取试验的样品，然后对样品进行环境试验和寿命试验。试验是为了如实反映产品质量，全面了解产品的特殊性能，对于定型产品或长期生产的产品所进行的例行验证。

(1) 环境试验：环境试验是检验产品适应环境的能力，评价、分析环境对产品性能影响的试验。通常在模拟产品可能遇到的各种自然条件下进行。环境试验常见方法有对供电电源适应能力试验、气候试验、机械试验、运输试验和特殊试验。

1) 对供电电源适应能力试验。

如使用交流220V供电的电子产品，一般要求输入交流（220±22）V和频率（50±4）Hz之内，电子产品仍能正常工作。

2) 气候试验：气候试验包括温度试验、潮湿试验和低气压试验等项目。

温度试验包括高温和低温负荷试验、高温和低温储存试验、温度循环试验，将样品在不包装、不通电和正常工作位置状态下，放入温度试验箱内，进行额定使用的上、下限工作温度的试验，以确定产品在此条件下的适应性。潮湿试验在潮湿箱中进行，通常温度为（40±2）℃，相对湿度为95%±3%，将产品放置若干小时，然后取出在常温下放置，擦去水滴，在15min内测其绝缘电阻，其值不低于某一固定值（如2MΩ），恢复24h后通电检查，其主要测试指标应符合要求，不应出现金属锈蚀和零部件变形等现象。

3) 机械试验：机械试验包括振动试验、冲击试验和离心加速度试验等项目。

把电子产品紧固在专门的振动台和冲击台上进行单一频率（50Hz）振动试验、可变频率（5~2kHz）振动试验和冲击试验，一般在一定频率范围内循环或非重复机械冲击，检验主要技术指标是否仍符合要求。

4) 运输试验。

检查电子产品对包装、储存、运输等环境条件的适应能力。试验过程就是把电子产品捆在载重汽车上奔走几千米进行试验。

5) 特殊试验：特殊试验是检查产品适应特殊工作环境的能力，包括烟雾试验、防尘试验、抗霉菌试验和抗辐射试验等项目。

(2) 寿命试验：寿命试验是考察产品寿命规律性的试验，是产品最后阶段的试验。在规定条件下，模拟产品实际的工作状态和贮存状态，投入一定的样品进行试验。试验中要记录样品失效的时间，并对这些失效时间进行统计分析，以评估产品的可靠性、失效率和平均寿命等参数。

对于不同的电子产品还要根据它的用途与使用条件进行相应的检验。

4.1.4 任务实施

检验是贯穿于产品生产的全过程。现以节能灯生产加工各工序质量检验为例来说明电子产品的检验过程。

1. 灯头筛选质量检验

（1）外观检验：表面应洁净，不得有杂色、铜绿、油泥等。镀层要均匀、光亮，不得有起皮和水纹等现象。金属体和绝缘体不得有皱纹、裂纹、缺损和明显的变形。

（2）尺寸：尺寸应能套入或旋入给定的（质管部给出）塑料上盖且不会太松。

2. 焊灯头质量检验

（1）所用导线长度要符合相应灯型要求（或参考设计文件）。

（2）顶部焊点高度及内壁焊点位置要符合《工艺文件》上的要求。

（3）焊点要稳固、无松脱。

（4）顶面焊点要求饱满，无残缺或焊不到边，焊锡点光滑。

（5）成品应及时地清除灯头上的助焊剂和松香。

3. 铆灯头质量检验

（1）铆点要对准上盖在与灯头连接处的内槽，铆接要牢固。

（2）针点的高度、深度要一致。

（3）注意铆灯头机上的压针不能残缺。

（4）所用灯头的电源线长度和规格参考设计文件。

4. 灯管筛选质量检验

（1）灯管应无漏气、黄管，暗区不大于样本。

（2）灯管尺寸应符合相应的图样要求（或参考设计文件）。

（3）4 根灯丝应完整，不得有短缺。

（4）弯管部位的圆弧要均匀，合模线不得明显。

5. 插件工序质量检验要求

（1）检查所有元器件一律要和设计文件相对应的型号一致。

（2）元器件的方向与样板相同（包括套管的长度，直径）。

（3）插件首件确认应测试其功率并记录（应该配相应的灯管）。

（4）各元器件按电路板位号图插入，检查是否有错插、漏插。

6. 清板工序质量检验要求

（1）焊点板面要清洁，不能有多余锡点，不能有连焊、虚焊、假焊。

（2）元器件引脚要整形好且压到底，元器件面不能有锡砸等异物。

（3）注意有套管元器件是否有包焊（假焊）问题。

7. 移印工序质量检验要求

（1）商标着色要均匀，图样应清晰，不能有重影、斑点、残缺、模糊、毛刺，商标字样应与塑料件底边平行（如有两面商标就要求两边的高度相一致）。

（2）注意商标的方向，商标外的其他部分不可污染油墨。

8. 总装工序质量检验要求

（1）电源线应套有阻燃套管，电源线焊点应适当，不宜太大，不得有虚焊、假焊，线头不宜太长。

（2）灯丝套管要套到灯丝根部，灯丝焊接不能有虚焊、假焊，灯丝不能交叉。

（3）摇晃整灯检查是否有异物。

（4）压壳时须检查电路板上的元器件是否互相挤压，避免短路，扣上外壳后应100%试亮。

9. 成品检验

（1）外观检验：整灯外形尺寸应符合相应的设计文件中的图样要求；灯管外表面应整洁、无损，结构各部位不应有松动；灯的标志（额定电压、电流、功率、频率）和商标印应清晰、牢固；灯的结构各部位不应有松动，整灯内不应存在杂物。

（2）电性能检验：灯应在额定电压（低压、常压、高压）和温度（低温、常温、高温）范围内正常燃点，灯冷态启辉，起动时间为 $0.4 \sim 2s$。灯应100%试亮并检查其功率及功率因数是否符号要求（注意灯的测试电压），灯的功率偏差不得超出标称值的 $\pm 15\%$（IEC标准）；还有光通量及光效、色温、显色指数、功率因数、光衰和谐波等参数的测试就符合标准。

10. 老化质量检验

（1）老化时间不得低于2h，并对灯的老化时间进行标识并记录。

（2）灯管点燃老化30min后，冷却10min后重新起动点燃灯管时，应无任何故障出现。

（3）需注意观察整灯有闪烁、黄管、黑管和难启辉。

（4）老炼时每半小时巡视并将有缺陷的整灯送返修，并记录。

11. 包装质量检验

（1）每个灯应有整洁、无破损、商标清晰的独立小包装，小包装盒外应有清晰的商标、产品名称、型号、规格及额定电压频率等标记。

（2）每只灯都应套上内垫，彩盒上、下底盖不能折皱，摇整灯检查是否有异物后装入彩盒。

（3）彩盒上所标的灯头型号、灯管外形、灯管色温及功率一律要与灯对应一致。

（4）大包装箱应无破损，箱表面应有与订货单要求一致及符合 GB191《包装储运图标志》中有关标志的要求；包装的条形码须清晰、可读、无差错。

（5）装箱时要求方向统一。内、外箱的封箱胶带应平整，不能有折皱，不能遮盖包装箱上的图文。

（6）产品应存放在干燥，通风良好的仓库中，周围应无腐蚀性气体存在。

任务4.2　电子产品的包装

电子产品检验完入库前的最后一道工序是包装，包装是产品生产过程中的重要组成部分。

4.2.1　电子产品的包装种类

包装一方面起保护物品的作用，另一方面起介绍产品、宣传企业的作用。常见电子产品的包装有以下3种。

1. 运输包装

运输包装即产品的外包装，电子产品进入流通领域，进行合理包装是使得在运输、贮存和装卸等过程中避免机械物理损伤，给操作者提供方便，确保其质量而采取的必要措施。

2. 销售包装

销售包装即产品的内包装，其作用不仅是保护产品，便于消费者使用和携带，而且还要起到美化产品、介绍产品、广告宣传的作用。

3. 中包装

中包装起到计量、分隔和保护产品的作用，是运输包装的组成部分。但也有随同产品一起上货架与消费者见面的，这类中包装则应视为销售包装。

4.2.2 电子产品包装前的准备

1. 电子产品外表的清洁

经检验合格的电子产品在进行包装前，应按照有关规定进行外表面处理，如消除污垢、油脂、指纹和汗渍等。在包装过程中也要继续保持整洁，不受污染。

2. 包装箱的清洁

保持包装箱外表的清洁，清除包装箱内的异物和尘土。

4.2.3 电子产品的包装原则

包装既是一门科学，又是一门艺术，要符合科学、经济、美观、适销的原则。产品的外包装、内包装、中包装是相互影响、不可分割的一个整体。产品包装有以下原则。

（1）包装是一个体系。它的范围包括原材料的提供、加工、容器制造、辅助供应以及为完成整件包装所涉及的各有关生产服务部门。

（2）包装是生产经营系统的一个组成部分，要做到具有保护产品、激发购买力、为消费者提供便利的作用。

（3）经济包装以最低的成本为目的，包装必须标准化，它可以节约包装费用和运输费用，只有能扩大产品销售的包装成本，才符合经济原则。

（4）产品是包装的中心，包装要与产品质量相匹配。

（5）在包装过程中要注意对电子产品的防护，动作要小心轻放保证机壳、旋钮和装饰件等部分不被损伤。合适的包装应能承受合理的堆压和撞击，合理压缩包装体积、防尘、防湿、缓冲。装入箱内的产品不得倒置，避免损伤、破裂。

（6）装入箱内的产品、附件、衬垫、使用说明书、装箱明细栏以及装箱单等内装物必须齐全，并且不得在箱内任意移动。

（7）产品包装必须根据市场动态和客户的爱好，在变化的环境中不断改进和提高。

4.2.4 电子产品的包装材料

包装时应根据包装要求和产品特点，选择合适的包装材料。

1. 木箱

包装木箱一般用于体积大、笨重的机械和机电产品。木箱材料主要有木材、胶合板、纤维板和刨花板等。用木箱来包装体积大，且受绿色生态环境保护限制，因此已日趋减少使用。

2. 纸箱

纸箱包装一般用于体积较小、质量较轻的家用电器等产品。纸箱有单芯、双芯瓦楞纸板和硬纸板等材料。使用瓦楞纸箱包装轻便牢固、弹性好，与木箱包装相比，其运输、包装费用低，材料利用率高，便于实现现代化包装。

3. 缓冲材料

缓冲材料的选择，应以最经济并能对电子产品提供起码的保护能力为原则。根据流通环境中冲击、振动和静电力等力学条件，宜选择密度为 $20 \sim 30 kg/m^3$，抗压强度（压缩50%时）大于或等于 $2.0 \times 105 Pa$ 的聚苯乙烯泡沫塑料做缓冲衬垫材料。衬垫结构一般以成型衬垫结构形式对电子产品进行局部缓冲包装。衬垫结构形式应有助于增强包装箱的抗压性能，有利于保护产品的凸出部分和脆弱部分。

4. 防尘、防湿材料

防尘、防湿材料可以选用物化性能稳定、机械强度大和透湿率小的材料，如有机塑料薄膜、有机塑料袋等密封式或外密封式包装。为了使包装内空气干燥，可以使用硅胶等吸湿干燥剂。

4.2.5 电子产品包装的防伪标志

许多产品的包装，一旦打开，就再也不能恢复原来的形状，起到了防伪的作用。为了防止不法之徒生产、销售假冒伪劣产品谋利，生产厂家都广泛采用各种高科技防伪措施，激光防伪标识就是其中之一。

条形码为国际通用产品符号。为了适应计算机管理，在一些产品销售包装上加印供电子扫描用的复合条形码。这种复合条形码各国统一编码，它可使商店的管理人员随时了解商品的销售动态，简化管理手续，节约管理费用。

4.2.6 电子产品包装的设计要求

电子产品包装的设计要求如下所述。

（1）包装上的标志应与包装箱大小协调一致。

（2）文字标志的书写方式由左到右，由上到下，数字采用阿拉伯数字，汉字用规范字。

（3）标志颜色一般以红、黑、蓝3种为主。

（4）标志方法可以印刷、粘贴、打印等。

（5）标志内容主要包括产品名称及型号、商品名称及注册商标图案、产品主体颜色、包装件重量（kg）、包装件最大外部尺寸（单位为mm）、内装产品的数量、出厂日期、生产厂名称、储运标志（向上、怕湿、小心轻放、堆码层数等）等。

4.2.7 任务实施

电子产品经整机总装、调试和检验合格后，必须经过包装才能作为成品出厂，包装是电子产品生产过程的最后一道工序。现以电子节能灯的生产流水线作业方式为例，说明电子产品的整机包装工艺过程。

注意灯管为易碎品，整个作业过程中须轻拿轻放。

1. 整灯清洁

（1）将灯头上的松香用刮刀（如图 4-1 所示）或刮灯头松香机（如图 4-2 所示）进行清洁干净。

（2）将清洗剂加在毛巾上，然后一手轻轻握住灯管，一手拿毛巾沿着整灯的塑壳外圈转动几圈（如图 4-3 所示），将塑壳上的污渍擦洗干净。

（3）灯管为易碎品，作业过程中须轻拿轻放。注意清洗剂不能洒到眼睛里。

图 4-1　刮刀

图 4-2　刮灯头松香机

图 4-3　用毛巾清洁

2. 外观检验

（1）目视整灯的外观，检验整灯的灯头、焊点、塑件、灯管的质量是否达到标准。

（2）灯头上玻璃体不能裂，焊点要 98% 以上的饱满，两个焊点一样高，如图 4-4 所示。

（3）印刷字体要清晰，塑件、灯管无脏污，如图 4-5 所示。

（4）将良品轻轻放入流水线流至下道工序，不良品区分开放置不良品盒内。

图 4-4　灯头焊点

图 4-5　灯管印刷字体

3. 测灯摇异物

手抓灯管，将灯靠近耳边处来回摇晃几下，确认是否有异物碰撞的声音，如有需挑出来区分放置，待处理。

4. 折彩盒与灯管套内套

（1）先将灯头垫三面整形，再塞入彩盒内盖好盒盖，如图 4-6a ~ d 所示。

（2）将内套整形好再将整灯灯管部分塞入内套中，如是半螺旋灯须将内套的对角开口处压进扣住灯管，如图 4-6e ~ f 所示。

（3）将套好内套的整灯轻轻放入流水线流至下道工序。

（4）折彩盒时注意灯头垫须放好，如碰到彩盒破损、脱胶或混色等须挑出放好。

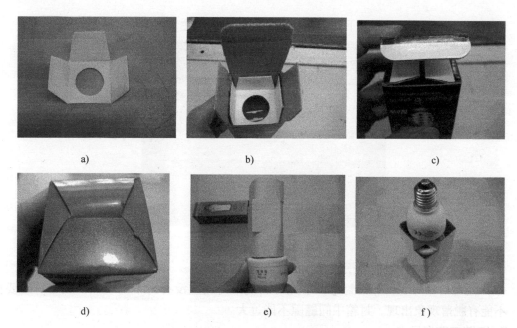

图 4-6　折彩盒与灯管套内套

a) 灯头垫三面整形　b) 灯头垫放入彩盒　c) 盖上盒盖

d) 盖好盒盖　e) 灯管装入内套　f) 灯管装好内套

5. 装彩盒

（1）将套好内套的整灯装入彩盒盒内，如图 4-7a 所示。

（2）将折好的合格证按包装要求装进彩盒内。产品说明书、合格证、维修点地址簿、三联保修卡和用户意见书装入胶袋中，用胶纸封口，如图 4-7a 所示。

（3）将灯管垫装入彩盒并将彩盒盖扣起来，如图 4-7b ~ c 所示。

（4）将盖好盖的整灯轻轻放入流水线流至下道工序。

图 4-7　装彩盒

a) 整灯、合格证装入彩盒　b) 装入灯管垫　c) 扣上彩盒盖

6. 装箱/封箱

（1）将装好彩盒的整灯按包装要求的数量、方向整齐的装入外箱内，要求统一方向。

（2）如有要求要放入隔板，需将隔板放入外箱的上下层。

（3）如有要求称重量，需将灯装满后称重并记录再封箱。

（4）如有要求外箱要印生产批号，需在封外箱前先按要求印上。

（5）用胶带纸封箱，将上下两层的中间和两边沿都封住，如图 4-8 所示。

图 4-8　用胶带纸封箱示意图

（6）将封箱好的外箱整齐摆放在栈板上。

（7）注意封箱时要将外箱封牢，不允许出现未封箱或没有封牢的现象。胶带一定要粘住，不能有脱落现象出现。封箱中间缝隙不能过大。

7. 包装工艺指导卡

在包装工序中，每个工位的操作内容、方法、步骤、注意事项、所用辅助材料和工装设备等都做了详细规定，操作者需按包装工艺指导卡进行操作即可。

最后，将已包装好的节能灯箱搬到运动物料区放好，等待入库。

参 考 文 献

[1] 孙惠康，冯增水．电子工艺实训教程[M]．3 版．北京：机械工业出版社，2009．

[2] 王成安，王洪庆．电子产品生产工艺[M]．大连：大连理工大学出版社，2010．

[3] 王成安，毕秀梅．电子产品工艺与实训 [M]．北京：机械工业出版社，2007．

[4] 刘晓利，电子产品装接工艺[M]．北京：电子工业出版社，2010．

[5] 赵勇．电工电子工艺实训 [M]．北京：高等教育出版社，2008．

[6] 金明．电子装配与调试工艺[M]．南京：东南大学出版社，2005．

[7] 孟贵华．电子技术工艺基础[M]．4 版．北京：电子工业出版社，2008．

[8] 胡宴如．模拟电子技术 [M]．北京：高等教育出版社，2003．

精品教材推荐

计算机电路基础

书号：ISBN 978-7-111-35933-3

定价：31.00 元　　作者：张志良

推荐简言：

　　本书内容安排合理、难度适中，有利于教师讲课和学生学习，配有《计算机电路基础学习指导与习题解答》。

高级维修电工实训教程

书号：ISBN 978-7-111-34092-8

定价：29.00 元　　作者：张静之

推荐简言：

　　本书细化操作步骤，配合图片和照片一步一步进行实训操作的分析，说明操作方法；采用理论与实训相结合的一体化形式。

汽车电工电子技术基础

书号：ISBN 978-7-111-34109-3

定价：32.00 元　　作者：罗富坤

推荐简言：

　　本书注重实用技术，突出电工电子基本知识和技能。与现代汽车电子控制技术紧密相连，重难点突出。每一章节实训与理论紧密结合，实训项目设置合理，有助于学生加深理论知识的理解和对基本技能掌握。

单片机应用技术学程

书号：ISBN 978-7-111-33054-7

定价：21.00 元　　作者：徐江海

推荐简言：

　　本书是开展单片机工作过程行动导向教学过程中学生使用的学材，它是根据教学情景划分的工学结合的课程，每个教学情景实施通过几个学习任务实现。

数字平板电视技术

书号：ISBN 978-7-111-33394-4

定价：38.00 元　　作者：朱胜泉

推荐简言：

　　本书全面介绍了平板电视的屏、电视驱动板、电源和软件，提供有习题和实训指导，实训的机型，使学生真正掌握一种液晶电视机的维修方法与技巧，全面和系统介绍了液晶电视机内主要电路板和屏的代换方法，以面对实用性人才为读者对象。

电力电子技术　第2版

书号：ISBN 978-7-111-29255-5

定价：26.00 元　　作者：周渊深

获奖情况：普通高等教育"十一五"国家级规划教材

推荐简言：本书内容全面，涵盖了理论教学、实践教学等多个教学环节。实践性强，提供了典型电路的仿真和实验波形。体系新颖，提供了与理论分析相对应的仿真实验和实物实验波形，有利于加强学生的感性认识。

精品教材推荐

EDA 技术基础与应用

书号：ISBN 978-7-111-33132-2

定价：32.00 元　　作者：郭勇

推荐简言：

　　本书内容先进，按项目设计的实际步骤进行编排，可操作性强，配备大量实验和项目实训内容，供教师在教学中选用。

电子测量仪器应用

书号：ISBN 978-7-111-33080-6

定价：19.00 元　　作者：周友兵

推荐简言：

　　本书采用"工学结合"的方式，基于工作过程系统化；遵循"行动导向"教学范式；便于实施项目化教学；淡化理论，注重实践；以企业的真实工作任务为授课内容；以职业技能培养为目标。

高频电子技术

书号：ISBN 978-7-111-35374-4

定价：31.00 元　　作者：郭兵　唐志凌

推荐简言：

　　本书突出专业知识的实用性、综合性和先进性，通过学习本课程，使读者能迅速掌握高频电子电路的基本工作原理、基本分析方法和基本单元电路以及相关典型技术的应用，具备高频电子电路的设计和测试能力。

单片机技术与应用

书号：ISBN 978-7-111-32301-3

定价：25.00 元　　作者：刘松

推荐简言：

　　本书以制作产品为目标，通过模块项目训练，以实践训练培养学生面向过程的程序的阅读分析能力和编写能力为重点，注重培养学生把技能应用于实践的能力。构建模块化、组合型、进阶式能力训练体系。

Verilog HDL 与 CPLD/FPGA 项目开发教程

书号：ISBN 978-7-111-31365-6

定价：25.00 元　　作者：聂章龙

获奖情况：高职高专计算机类优秀教材

推荐简言：

　　本书内容的选取是以培养从事嵌入式产品设计、开发、综合调试和维护人员所必须的技能为目标，可以掌握 CPLD/FPGA 的基础知识和基本技能，锻炼学生实际运用硬件编程语言进行编程的能力，本书融理论和实践于一体，集教学内容与实验内容于一体。

电子信息技术专业英语

书号：ISBN 978-7-111-32141-5

定价：18.00 元　　作者：张福强

推荐简言：

　　本书突出专业英语的知识体系和技能，有针对性地讲解英语的特点等。再配以适当的原版专业文章对前述的知识和技能进行针对性联系和巩固。实用文体写作给出范文。以附录的形式给出电子信息专业经常会遇到的术语、符号。

精品教材推荐

电子工艺与技能实训教程

书号：ISBN 978-7-111-34459-9

定价：33.00 元　　作者：夏西泉　刘良华

推荐简言：

　　本书以理论够用为度、注重培养学生的实践基本技能为目的，具有指导性、可实施性和可操作性的特点。内容丰富、取材新颖、图文并茂、直观易懂，具有很强的实用性。

综合布线技术

书号：ISBN 978-7-111-32332-7

定价：26.00 元　　作者：王用伦　陈学平

推荐简言：

　　本书面向学生，便于自学。习题丰富，内容、例题、习题与工程实际结合，性价比高，有实用价值。

集成电路芯片制造实用技术

书号：ISBN 978-7-111-34458-2

定价：31.00 元　　作者：卢静

推荐简言：

　　本书的内容覆盖面较宽，浅显易懂；减少理论部分，突出实用性和可操作性，内容上涵盖了部分工艺设备的操作入门知识，为学生步入工作岗位奠定了基础，而且重点放在基本技术和工艺的讲解上。

通信终端设备原理与维修 第2版

书号：ISBN 978-7-111-34098-0

定价：27.00 元　　作者：陈良

推荐简言：

　　本书是在 2006 年第 1 版《通信终端设备原理与维修》基础上，结合当今技术发展进行的改编版本，旨在为高职高专电子信息、通信工程专业学生提供现代通信终端设备原理与维修的专门教材。

SMT 基础与工艺

书号：ISBN 978-7-111-35230-3

定价：31.00 元　　作者：何丽梅

推荐简言：

　　本书具有很高的实用参考价值，适用面较广，特别强调了生产现场的技能性指导，印刷、贴片、焊接、检测等 SMT 关键工艺制程与关键设备使用维护方面的内容尤为突出。为便于理解与掌握，书中配有大量的插图及照片。

MATLAB 应用技术

书号：ISBN 978-7-111-36131-2

定价：22.00 元　　作者：于润伟

推荐简言：

　　本书系统地介绍了 MATLAB 的工作环境和操作要点，书末附有部分习题答案。编排风格上注重精讲多练，配备丰富的例题和习题，突出 MATLAB 的应用，为更好地理解专业理论奠定基础，也便于读者学习及领会 MATLAB 的应用技巧。